Déjouer le populisme :
bâtir le contrat social du XXIe siècle

Collection *Monde en cours*
créée par Jean Viard

Ouvrage édité par Pierre Viard

Série « La Terre en vie »

Cette série s'intitule « La Terre en vie » car elle porte sur les intersections entre enjeux écologiques, économiques et sociétaux. Elle a comme objectif de contribuer à la description de notre monde tel qu'il existe, avec ses beautés et ses disgrâces, et d'imaginer un monde possible soutenable dans lequel chacun pourra vivre dignement et jouir de ses libertés fondamentales. L'écologie est une problématique mondiale, prendre la Terre comme référentiel paraît donc une évidence. Une Terre en vie, une Terre à vivre, une Terre à partager !

Pierre Viard

www.editionsdelaube.com

ISBN 978-2-8159-6356-5

Julien Marchal

Déjouer le populisme : bâtir le contrat social du XXIe siècle

Préface d'Astrid Panosyan-Bouvet

Après-propos d'Alain Grandjean

éditions de l'aube

Préface

Notre démocratie est fragile. Son avenir dépend des décisions collectives et individuelles que nous prenons aujourd'hui.

Nous mesurons à la fois la force de nos institutions et leur fragilité. Leur force car, des prémices de la révolution industrielle au développement de l'État-providence, elles ont accompagné et soutenu les progrès économiques et sociaux que nous avons connus ces cent cinquante dernières années. Leur fragilité car – d'autres pays l'ont déjà montré – il suffit d'une dose suffisante de scepticisme, d'indifférence et d'agrégation des colères pour que le populisme triomphe dans les urnes et sape ensuite progressivement les fondements démocratiques de l'État de droit et les murs porteurs du pacte social. Et en amont, du changement climatique à la croissance des inégalités et de l'individualisme, les défis sans cesse renouvelés ne manquent pas, qui alimentent les doutes, les anxiétés et les ressentiments.

Dans un monde où la richesse et le développement technologique n'ont jamais été aussi grands, l'idéal de progrès – politique, social, économique, scientifique – qui prévalait depuis la révolution industrielle est aujourd'hui remis en cause. Si trois quarts des Français se déclarent satisfaits de leur vie personnelle, une majorité pense également que la vie de ses enfants sera moins bonne que la sienne. La crise sanitaire a aussi exacerbé le complotisme et la remise en cause des vérités scientifiques. Les convulsions de la société française – Gilets jaunes, embrasement des banlieues et crise agricole – sont de la même nature que le Brexit ou l'élection de Donald Trump. Ils montrent que nos démocraties, nées avec l'idée de progrès, sont malades. Pourquoi un tel décalage ?

Pour répondre à cette interrogation, ce livre repart de concepts fondamentaux et pose d'emblée une question essentielle : quelle vision et quel objectif portons-nous pour la France et l'Europe ?

Les États-Unis et la Chine ont une réponse simple à cette question en ce qui les concerne : ils se disputent la place de première puissance économique et militaire mondiale. L'Inde, engagée dans une rapide phase de rattrapage économique, partage cet objectif à horizon 2050. Mais qu'en est-il de l'Europe et de la France ? Nos débats sont davantage centrés sur l'immédiateté du pouvoir d'achat, de la croissance ou de la compétitivité plutôt que sur une vision ou un objectif collectif plus large. Or, ni le pouvoir d'achat, ni la croissance économique ne constituent des fins désirables en soi. Ils peuvent même, s'ils ne sont pas correctement alloués, engendrer frustrations et mécontentements. La comparaison instantanée sur les réseaux sociaux contribue alors à alimenter le sentiment de déclassement individuel et collectif.

Définir une vision collective c'est réfléchir d'abord sur les valeurs qui guident notre société et sur l'adéquation des règles en vigueur. « Tout en ne cherchant que son intérêt personnel, l'individu travaille souvent d'une manière bien plus efficace pour l'intérêt de la société, que s'il avait réellement pour but d'y travailler », écrivait ainsi Adam Smith dans *La richesse des nations*. Le capitalisme exacerbé qui s'est déployé depuis le début des années 1980 part d'un postulat comparable : l'intérêt individuel génère et aboutit à l'intérêt général. Il est nécessaire que chacun cherche à maximiser son bien-être pour produire de la prospérité collective.

La France et l'Europe continentale n'ont jamais pleinement embrassé ce modèle mais s'y sont laissé mener.

Par une analyse rigoureuse, ce livre détaille les phénomènes observés ces dernières décennies : la création d'interdépendances économiques sur les biens essentiels au détriment de l'empreinte et des savoir-faire industriels, la fragmentation sociale, la confusion entre liberté du peuple et croissance sans contrepartie des libertés individuelles… Il pose des constats parfois paradoxaux mais sans appel : alors qu'il aurait été impensable durant la guerre froide que le bloc occidental mené par les États-Unis devienne dépendant de l'Union soviétique dans un seul secteur économique, nous avons accepté à partir des années 1990 de dépendre de la Chine pour nos biens de consommation courante ou des biens plus essentiels tels les principes actifs nécessaires à nos médicaments. Malgré le nucléaire, nous restons largement dépendants des puissances du Moyen-Orient pour notre approvisionnement en énergie. Dominés dans le secteur du numérique, nous sommes à risque d'amplifier nos dépendances dans le domaine technologique avec l'IA aujourd'hui. Nos patrimoines humains et institutionnels stagnent. Au sortir de la Seconde Guerre mondiale, la santé et l'éducation étaient des priorités majeures, qui, considérées comme telles, ont abouti à une élévation considérable du niveau de connaissance et de l'état de santé de nos concitoyens. Mais depuis deux décennies, nous assistons à la stagnation de l'espérance de vie en bonne santé et à une régression de la France dans les classements sur les savoirs maîtrisés par nos enfants en fin de primaire et au collège. Alors que la quantité d'information accessible croît de manière exponentielle, la désinformation progresse elle aussi, tant et si bien que des acquis scientifiques solidement ancrés dans nos esprits – comme l'intérêt de la vaccination pour la santé publique – vacillent.

Consumérisme, individualisme et mondialisation caractérisent le modèle économique et social des dernières décennies.

Nous pouvons mieux faire et ce livre décrit comment modifier notre contrat social pour retrouver une vision positive de long terme. Ce contrat social se fonde sur des valeurs différentes d'aujourd'hui : l'autonomie stratégique, la cohésion sociale et la préservation des biens communs.

Une telle transformation n'adviendra pas spontanément. Rebâtir un contrat social, qui plus est fondé sur des valeurs qui mettent le collectif au centre, nécessite l'adhésion de la majorité. En tant que parlementaire, il m'incombe, avec d'autres, de porter ce débat d'idées, mais celui-ci ne pourra se développer sans l'appropriation et le concours de chacun en tant que citoyen. Le Parlement et le gouvernement ne peuvent décréter seuls la cohésion sociale, l'autonomie stratégique et la préservation des biens communs. Car sa mise en œuvre nécessite un changement de nos comportements quotidiens et de nos attitudes.

Ainsi, quel que soit l'enthousiasme des discours, aucun changement majeur ne saura advenir si nos actes d'achats en tant que consommateurs restent découplés de nos aspirations. Aucune transformation sociétale ne peut survenir si les plus fortunés s'en extraient. Elle ne peut advenir non plus tant que les règles économiques qui régissent le commerce et la vie des entreprises donnent trop peu de valeur à l'autonomie stratégique, ni à la question sociale et écologique. Elle ne saura advenir si la participation de chacun à la vie collective reste limitée et que chacun ne se consacre qu'à sa sphère privée et domestique.

Ce livre résume l'enjeu sous la forme d'un triptyque : chacun de nous est à la fois un consommateur, un travailleur et un citoyen. Alors que pendant les dernières décennies nous avons privilégié le consommateur aux dépens du travailleur et du citoyen, ce triptyque doit être rééquilibré pour être en phase avec la vision portée.

Ce livre propose de nouvelles valeurs sur lesquelles fonder le contrat social. Mais il ne reste pas que dans l'abstrait ; il décrit en quoi la transformation est déjà à l'œuvre dans certains secteurs de la société ; il détaille les nombreuses transformations qui restent à mener et propose des mesures politiques pour y parvenir.

De manière lucide, il est impressionnant de constater le chemin parcouru depuis la crise sanitaire de 2020 et la guerre en Ukraine. Mais les transformations restant à mener sont vertigineuses. À rebours des discours déclinistes de tels chantiers peuvent être mobilisateurs et visionnaires.

Un contrat social possède intrinsèquement une dimension morale. Et la morale contribue à donner du sens à nos vies. Dans la société de consommation qui a prospéré depuis les années 1980, ce sens fait défaut. La plus grande erreur collective des quarante dernières années est sans doute d'avoir érigé la consommation en valeur de progrès ultime comme d'avoir cru que la mondialisation des échanges et de la croissance économique engendrerait la paix perpétuelle et le triomphe des démocraties.

Non seulement la guerre est revenue aux portes de l'Europe, mais la démocratie est aujourd'hui fragilisée. Non seulement les Français, et plus largement les Européens, craignent pour leur pouvoir d'achat et leur mode vie, mais l'archipellisation de la société et le sentiment de solitude se sont accrus.

À trop être centrés sur nous-mêmes, tout se passe comme si nous ne voyons plus les autres. À trop être centrés sur nous-mêmes nous pouvons être à la merci d'entreprises passées maîtresses dans l'art de capter notre attention, exploiter nos plaisirs, et faire primer nos émotions sur notre raison.

Tout cela a déjà commencé à changer et peut encore changer. Ce livre est une contribution importante au dépassement de la société de consommation et à la construction d'un contrat social humaniste du XXIe siècle. Que l'auteur en soit ici remercié.

ASTRID PANOSYAN-BOUVET,
Députée de Paris, 2024

Préambule

Quelle vision portons-nous pour l'avenir de notre pays? Qui pilote le destin du monde face aux périls planétaires comme le changement climatique? La politique permet-elle d'assurer notre prospérité?

Les générations actuelles voient le déficit public s'accroître d'année en année, connaissent la lente montée des extrêmes et leur banalisation, l'érosion de l'engagement démocratique, le reflux de l'adhésion aux principes de l'État de droit; nous (re)découvrons nos dépendances industrielles à des pays autoritaires, assistons à la confrontation de l'Humanité avec les limites planétaires et constatons le retour de la guerre aux frontières de l'Union européenne.

Symétriquement, nous bénéficions d'un accès instantané et massif à une multitude de biens ainsi qu'à un système éducatif et médical quasi gratuit pour tous; nous avons vécu l'avènement des ordinateurs, d'Internet et des téléphones portables, le développement des loisirs et des progrès médicaux. Notre pays est le plus touristique du monde et sa qualité de vie est enviée par beaucoup. L'espérance de vie y est parmi les plus élevées. Économiquement, la France est attractive, comme en témoignent les statistiques d'investissements étrangers en Europe. Même si nous nous plaignons souvent de l'état de notre pays, préférerions-nous vraiment vivre aux États-Unis, en Chine, en Suède ou à Dubaï ? Pensons-nous vraiment que « c'était mieux avant », comme nous l'entendons si souvent ?

Nous vivons une époque ambivalente. Depuis le tournant du siècle, et notamment depuis la crise financière de 2008, beaucoup de Français ont le sentiment que notre modèle sociétal est ébranlé, que les crises se succèdent ou, dans une perspective moins négative, que nous traversons une période de transitions multiples. Nous ressentons une accélération des changements au risque d'une perte de repères pour une partie de la population. D'où vient ce désespoir collectif assez propre à la France ? Est-il réel ?

« Mal nommer les choses, c'est ajouter aux malheurs de ce monde », écrivait Camus : j'ai la conviction qu'il manque une vision commune de l'avenir de notre nation. Plus exactement, que la société française reste enfermée dans un schéma de pensée datant de la fin du XXe siècle qui ne correspond plus aux défis actuels. Ce décalage est à l'origine du malaise ambiant. Sans une nouvelle vision politique répondant clairement aux défis contemporains, nous risquons de continuer à nous enfoncer dans ces sables mouvants.

Confrontée désormais aux limites planétaires et à des pressions environnementales de plus en plus fortes, la notion de progrès diffère par exemple de celle qui prévalait au XXe siècle et se doit désormais d'intégrer la soutenabilité. La soutenabilité interagit elle-même de manière croissante avec nos libertés individuelles comme en témoignent le refus grandissant de prendre l'avion pour des raisons climatiques, les critiques sur l'empreinte carbone démesurée des ultrariches[1], l'interdiction du remplissage des piscines en cas de sécheresse ou encore la consommation énergétique du numérique rapportée aux bienfaits qu'il apporte.

De même, la prévalence alarmante de maladies comportementales et environnementales comme l'obésité, la myopie, les allergies, l'asthme ou certains cancers[2] modifie nécessairement notre perception du bien vivre. Lors du siècle précédent, l'effort en matière de santé publique a principalement porté sur l'hygiène, la lutte contre les maladies infectieuses et les traumas, avec l'hôpital comme fer de lance. Au XXIe siècle, il doit porter essentiellement sur la modification de nos comportements et la correction des excès de la société de consommation.

Définir cette nouvelle vision suppose de redéfinir les fondements de notre société : par quoi sommes-nous reliés les uns aux autres ? Qu'entendons-nous par prospérité nationale ? S'agit-il de rester une puissance géopolitique et militaire, d'assurer le pouvoir d'achat maximal, de faire croître le produit intérieur brut (PIB) autant que possible, d'offrir le meilleur niveau d'éducation à nos enfants,

1. Philippe Roman, « Les pauvres sont-ils vraiment les plus gros pollueurs ? », *Idées économiques et sociales*, n° 165, mars 2011, p. 60-69.

2. Dix à 15 % des cancers chez les plus de 30 ans seraient ainsi imputables à nos modes de vie, hors tabagisme et consommation d'alcool selon l'étude « Les cancers attribuables au mode de vie et à l'environnement en France métropolitaine » du Centre international de recherche sur le cancer de Lyon, *gco.iarc.fr*, 2018.

de jouir de plus de libertés individuelles, de bénéficier de l'espérance de vie la plus élevée, de rechercher l'immortalité grâce à la science[1] ?

La caractérisation de cette vision commune permettra d'établir des priorités et des objectifs de longs termes, puis de définir les évolutions à apporter à notre organisation institutionnelle pour les atteindre. Ces évolutions, ce sont les fameuses réformes du jargon politique, qui se succèdent sans fin, mais qui, faute de s'inscrire dans une ambition globale, se heurtent à des difficultés récurrentes d'acceptabilité et à des questionnements sur le juste partage de l'effort.

De manière plus fondamentale, définir cette vision commune suppose au préalable d'expliciter les valeurs cardinales qui servent de socle à notre action collective. La société française ne porte pas les mêmes valeurs que la Chine, il suffit de regarder le traitement réservé à la minorité ouïghoure et à certains dirigeants d'entreprises chinoises pour s'en convaincre. Indéniablement, elle se distingue aussi des États-Unis. Mais sur quels ressorts moraux s'appuie-t-elle exactement et existe-t-il un consensus suffisamment large au sein de la population française ? Ma perception est qu'un glissement s'est opéré au tournant du siècle et que l'écart entre les valeurs affichées et la réalité alimente le mécontentement et la colère d'une partie de la population. Expliciter les principes moraux qui devraient guider notre action collective constitue un préalable à la définition de la place de notre pays dans le monde.

1. Certains apôtres de la tech californienne considèrent que l'hybridation homme-machine et l'immortalité censée en résulter constituent la quête ultime du progrès.

Valeurs, vision, objectifs, réformes : cette décomposition est proche de celle qui a cours dans une entreprise. Tout dirigeant connaît en effet la maxime « vision, missions, organisation, objectifs ». La différence majeure est bien sûr qu'une société fonctionne dans l'implicite et qu'elle s'avère beaucoup plus hétérogène. Ainsi, la vision implicite portée par le Rassemblement national diffère de celle promue par le bloc central progressiste. Par ailleurs, pour un même objectif, les mesures proposées par les formations politiques peuvent être éloignées. En revanche, quel que soit le parti qui gouverne, il est certain que vouloir réformer sans expliciter ni la vision d'ensemble, ni les valeurs fondamentales à respecter conduit à une forme d'épuisement démocratique.

La première moitié du XXIe siècle est le théâtre de défis inédits : la confrontation de l'Humanité avec les limites planétaires, la volonté hégémonique du totalitarisme chinois dans la mondialisation, l'accélération des bouleversements induits par les technologies numériques, etc. Face à ces défis, je propose que trois valeurs fondamentales guident la société française et européenne : la cohésion sociétale, la préservation des biens communs et l'autonomie stratégique. Ces valeurs appuieraient une nouvelle vision : transformer la France et l'Europe en l'endroit au monde où il fait le mieux-vivre ensemble[1] !

---

1. Certains pourraient considérer que c'est déjà le cas et qu'il s'agit simplement de maintenir cette place de numéro un du mieux-vivre ensemble. Toutefois la baisse du niveau scolaire, le déclin de la participation aux élections, l'augmentation des violences envers les élus, la montée des extrêmes, la prévalence

Comme nous le verrons, ces valeurs et cette vision ne sont nullement banales. Elles diffèrent nettement du modèle de société de la fin du XXe siècle. Elles se distinguent également des ambitions hégémoniques économiques et militaires chinoises et américaines. Elles ne sont actuellement ni explicitées dans le débat public ni mises en avant de manière cohérente par un parti politique. À certains égards, cette nouvelle vision pourrait être qualifiée d'écologie du vivre-ensemble au sens où elle vise une cohabitation plus harmonieuse avec les autres et avec le reste du vivant.

Pour comprendre la portée de ces évolutions, le premier chapitre dressera une rétrospective des modèles de société ayant prévalu depuis la fin de la Seconde Guerre mondiale. Les chapitres suivants déclineront les valeurs et la nouvelle vision dans certains domaines économiques majeurs : la santé, l'énergie, l'alimentation. Pour chacun d'eux, des propositions d'objectifs et de réformes sont formulées, sans prétendre à l'exhaustivité. Quelques transformations sont également suggérées dans d'autres secteurs : l'industrie, la politique commerciale, l'éducation, l'information et le numérique. Enfin, la dernière partie aborde le rôle des symboles républicains, de l'exemplarité et de la morale dans la construction de ce nouveau projet de société.

À bien des égards notre société se trouve à la croisée des chemins. Optimiste, je décris un modèle de société enviable, positif. Un autre chemin est malheureusement possible, dans lequel le populisme triompherait, et avec lui

---

croissante du surpoids, de l'obésité et d'une forme d'anxiété invitent à s'interroger.

des valeurs individualistes, de repli sur soi et de peur dans l'avenir. À rebours des discours fatalistes, je constate toutefois que la France possède de nombreux atouts, dont celui d'être constituée d'un peuple très politique et préoccupé par son avenir. Par ailleurs, l'histoire récente laisse penser que nos sociétés occidentales sont plus résilientes que nous pourrions le craindre : l'élection de Donald Trump aux États-Unis et la nomination de Boris Johnson comme Premier ministre au Royaume-Uni n'ont pas mis à bas ces deux pays. Elles sanctionnent, en revanche, le décalage entre le modèle de société prévalant et la réalité vécue au quotidien par les citoyens.

La folie, disait Albert Einstein, « c'est de faire toujours la même chose et de s'attendre à des résultats différents ». Le modèle de société du XXe siècle a vécu. Il est temps d'expliciter celui du XXIe siècle !

Dépasser le contrat social du XXe siècle

Les attentes d'une société évoluent au fil du temps. Elles s'accordent à nos besoins, à la manière dont la technologie façonne notre quotidien ou encore à des événements externes qui modifient notre rapport aux autres puissances et à notre environnement. La France actuelle ressemble peu à la France de l'après-guerre et nos aspirations en 2050 différeront sans aucun doute de celles d'aujourd'hui.

Depuis quelques décennies, une fraction croissante des Français redoute que leur niveau de vie baisse dans le futur. Lors d'un récent sondage, 53 % des Français indiquent ainsi craindre que leurs enfants vivent moins bien qu'eux[1]. Les émeutes dans les banlieues de l'été 2023 expriment la colère et le ressentiment d'une partie de la jeunesse qui s'estime privée d'avenir. L'espoir de vivre mieux s'est obscurci.

Ce sentiment de déclin mérite d'être remis en perspective. Si nous doutons de la capacité de notre système politico-économique à satisfaire nos aspirations, la cause réside peut-être dans le fait que nos aspirations se sont

1. Marie-Pierre Gröndahl, « 72 % des Français sont "pessimistes" pour l'avenir de la France », *lejdd.fr*, 1er avril 2023.

modifiées plus vite que lui. Un tel décalage s'est déjà produit dans les années 1960 : les émeutes de Mai 68 puisent leur origine dans un conflit de valeurs et le besoin d'adapter le système institutionnel. Les jeunes étant souvent à l'avant-garde de ces ruptures, ce parallèle expliquerait la mobilisation forte de la génération Z en faveur du climat[1] tout comme la désespérance des jeunes de certaines banlieues.

Je ne suis ni sociologue ni historien ; je n'ai pas la prétention de décrire en quelques pages l'ensemble des évolutions sociétales depuis la Seconde Guerre mondiale. Je m'en tiendrai à décrire ce que je considère comme trois grandes périodes distinctes : les Trente Glorieuses (1945-1975), le mythe de la fin de l'Histoire (1975-2020) et la situation actuelle. Je mettrai en lumière le décalage actuel entre la vision projetée, héritée de la fin du XXe siècle, et la réalité perçue au quotidien. Partant de là, j'expliciterai une nouvelle vision de la société qui pourrait remettre aspirations et quotidien en cohérence.

Les Trente Glorieuses (1945-1975) : le rattrapage économique d'une France en mouvement

La documentation autour des Trente Glorieuses foisonne, et le récit que je propose correspond à la description faite dans de nombreux autres ouvrages[2].

---

1. Cette mobilisation est incarnée par exemple par Greta Thunberg ainsi que les démissions retentissantes d'étudiants dans les écoles d'ingénieurs et de commerce.
2. Voir par exemple Jean Fourastié, *Les Trente Glorieuses ou la révolution invisible de 1946 à 1975*, Paris, Fayard, 1979.

Cette période atypique est caractérisée par une croissance et des transformations importantes. Au sortir de la Seconde Guerre mondiale, le pays, traumatisé par l'humiliation de l'Occupation, a été partiellement détruit : de grands efforts sont entrepris pour le reconstruire en faisant appel aux nouvelles techniques et méthodes industrielles issues de la guerre, et notamment le taylorisme[1]. Le modèle social français est également amplement renforcé : l'État-providence se met en place et alimente un modèle économique fordiste reliant production et consommation ; l'ouvrier bien payé achètera les voitures qui sortiront de l'usine. Psychologiquement, il s'agit sans doute de tourner la page de la défaite militaire et de restaurer l'image d'une France puissante et prospère.

Cette période d'investissements marque l'entrée dans la société de consommation et un alignement progressif de l'Europe sur le mode de vie américain, notamment après Mai 68. La croissance économique s'accompagne de vagues d'immigration successives pour pourvoir une partie des emplois. La France et l'Europe, en phase de rattrapage économique, comblent l'avance technologique prise par les Américains dont le pays a été épargné par la guerre. De grands aménagements sont entrepris tant dans le domaine de l'énergie que des transports[2]. Par rapport aux

---

1. Le taylorisme repose notamment sur la division du travail et la localisation des facteurs des productions où se trouve la compétitivité maximale.
2. Dans les exemples emblématiques figurent la construction des barrages hydro-électriques et des écluses de navigation sur le Rhône, la construction des premiers réacteurs nucléaires civils, le déploiement du TGV et la construction des autoroutes.

autres pays d'Europe de l'Ouest, la France se singularise par la nationalisation de plusieurs secteurs économiques, une planification industrielle et économique plus forte et plus centralisée que ses voisins, la création de la Sécurité sociale, le déploiement d'un système de retraite par répartition, le renforcement progressif des congés payés et de nombreuses avancées sociales et de santé publique.

La vision qui porte le pays durant les Trente Glorieuses est celle d'un pays qui progresse et rattrape le rêve américain. La France rejoint la frontière de l'innovation et parvient à maintenir une relative égalité. Une forme de puissance et de fierté nationale existe. « La France ne peut être la France sans la grandeur », résumera le général de Gaulle.

Cette vision des Trente Glorieuses est attachée à des valeurs fortes : l'universalisme, le progrès, l'émancipation.

L'universalisme se matérialise de multiples manières ; qu'il s'agisse du désalignement français à l'OTAN ou de sa voix forte au sein de l'ONU, la France entend peser sur la mondialisation. Elle est également le fer de lance dans la construction européenne (alors au stade de la CECA[1] et de la construction du marché commun, puis de la politique agricole commune). Sa diplomatie et son rayonnement culturel sont puissants comme en témoignent les nombreux lycées français à travers le monde à cette époque. Notre pays constitue alors, avec le Royaume-Uni, l'un des

1. Communauté européenne du charbon et de l'acier; il est à noter que la France a bloqué à plusieurs reprises l'adhésion du Royaume-Uni au marché commun, signe de son influence diplomatique et de sa volonté de garder une forte emprise sur le fonctionnement de la communauté européenne.

deux poumons économiques du continent, l'Allemagne vaincue n'ayant pas encore recouvré sa vitalité économique. Militairement, la France se dote de l'arme nucléaire et rejoint le cercle très restreint des pays capables de rivaliser avec l'URSS. La guerre froide, qui régit l'ensemble des relations géopolitiques, ancre et renforce les valeurs occidentales : l'Occident doit vaincre le soviétisme et diffuser ses valeurs de liberté partout dans le monde.

La foi dans le progrès est forte et, de fait, les progrès matériels sont impressionnants : meilleurs accès aux soins, généralisation de la vaccination, essor de la voiture, des autoroutes, de l'électroménager, des télécommunications, construction des premières tours de bureaux, début du programme nucléaire civil. La « modernité » se déploie en France durant les Trente Glorieuses. La culture américaine se diffuse également à travers les marques, la chanson, le cinéma, la télévision…

Socialement, l'émancipation progresse. La liberté de la presse et l'indépendance de l'information sont certes loin d'être parfaites car les médias publics, alors largement dominants, sont liés au gouvernement. Les libertés individuelles progressent : les femmes acquièrent le droit de vote au sortir de la guerre, l'égalité civile en 1965 puis le droit à l'avortement en 1975. La troisième puis la quatrième semaine de congés payés seront octroyées respectivement dans les années 1950 et 1960. Grâce aux transports en commun – le RER A est inauguré en 1969 – et surtout avec l'essor de la voiture individuelle, la capacité de déplacement des Français s'accroît considérablement. La faculté à revendiquer, à protester et à critiquer le pouvoir augmente, y compris sur des thèmes nouveaux. Pour prendre l'exemple de l'environnement, WWF est créé aux États-Unis en 1961 (WWF France en 1973) et Greenpeace en 1971. L'accès à l'éducation augmente même s'il reste encore imparfait : à la fin des années 1950, moins d'un enfant sur deux entre en sixième ; seuls 10 % des élèves obtiennent le baccalauréat et il s'agit principalement d'enfants issus de classes sociales favorisées. Dans les années 1970, l'accès au collège se généralise ; en revanche, seuls 30 % des élèves obtiennent le baccalauréat et ils restent majoritairement issus des ménages aisés[1].

Cette transformation profonde de la société ne se fait pas sans heurt ni sans dissonance : les émeutes de Mai 68 marquent un conflit en matière d'émancipation qu'il serait caricatural de résumer à un conflit de générations, même s'il en eut de nombreuses caractéristiques. Les mœurs évoluent et petit à petit la culture américaine imprègne le quotidien, à l'exception notable du fait religieux : si les communautés religieuses catholiques et protestantes restent très fortes aux États-Unis, elles entament en Europe un déclin inexorable. D'autres dissonances sont visibles : la guerre d'Algérie, le déclin progressif de l'influence française dans ses anciennes colonies africaines et la défaite américaine au Vietnam montrent que l'universalisme occidental n'a rien d'une évidence.

Les Trente Glorieuses ont transformé l'économie et le tissu social français. Résumer cette période de grandeur de la France à quelques objectifs et résultats marquants

1. Marie Duru-Bellat et Annick Kieffer, « Du baccalauréat à l'enseignement supérieur en France : déplacement et recomposition des inégalités », *Population*, 2008/1 (vol. 63), p. 123-157, *cairn.info*.

est nécessairement réducteur; toutefois, certains semblent ressortir nettement: la croissance de l'équipement des ménages (la modernité), l'augmentation du taux d'éducation, l'augmentation de l'espérance de vie, l'augmentation des libertés individuelles et le maintien de la puissance géopolitique française.

Les chocs pétroliers des années 1970 marquent la fin de cette époque. À partir de ce moment, un décalage apparaît: l'atteinte des objectifs marque le pas et un écart croissant se fait jour entre la vision recherchée et les résultats atteints. L'élan national s'enraye. Les valeurs et la vision qui sous-tendent la société vont progressivement évoluer.

Le tournant du siècle (1975-2020) et le mythe de la fin de l'Histoire

Les chocs pétroliers de 1973 et 1978 constituent des points d'inflexion en Europe. Au-delà de leurs impacts délétères sur l'économie, ils symbolisent la fin de l'élan de rattrapage de l'Europe. Arrivées à la frontière technologique[1], la France et l'Europe voient logiquement leur croissance ralentir car il est beaucoup plus facile de déployer sur son territoire des techniques développées par d'autres pays que d'innover.

L'économie commence à se gripper à plusieurs titres: le chômage progresse, le déficit public annuel naît et ne sera plus jamais comblé, les fleurons industriels français (Renault, Peugeot, Pechiney, Alstom...) entament

1. La frontière technologique désigne le niveau le plus avancé de la recherche technologique mondiale à un moment donné.

leur internationalisation et vont réduire progressivement l'emploi manufacturier en France, voire pour certains être démembrés par la concurrence étrangère[1]. Un conflit apparaît entre la vision et les valeurs affichées, qui n'ont pas changé et évoquent toujours la « grandeur de la France », et la réalité vécue par un nombre croissant de Français.

À son début, ce conflit reste essentiellement d'ordre économique. En effet, durant les années 1980 et 1990 les progrès sociaux continuent : le taux d'éducation croît avec désormais près de 80 % des élèves qui obtiennent leur baccalauréat. Les progrès en matière de santé se poursuivent même si l'apparition du sida va bouleverser la jeunesse. François Mitterrand accorde une cinquième semaine de congés payés et met en place les 39 heures, qui passeront à 35 heures en 2002. Le Pacs est instauré en 1999 et permet une reconnaissance sociale et en droit à de nombreux couples. La place des femmes dans le monde du travail s'améliore pas à pas.

La poursuite de ces progrès sociaux entre graduellement en dissonance avec la morosité de l'économie française. Cette dissonance est nécessairement source de tension et d'anxiété : si l'économie patine, comment pourra-t-on préserver les acquis sociaux ? Si je perds mon emploi, comment vais-je subvenir à mes besoins ? Un sentiment de flottement diffus s'étend progressivement jusqu'à la crise financière de 2008, qui marque, à mon sens, une forme d'épiphanie. La décennie 2010, jusqu'à la pandémie de Covid-19

1. La concurrence japonaise et coréenne s'amplifie à partir du début des années 1980.

constitue une période de transition où le malaise perdure et aboutit au constat qu'une transformation est inévitable.

Comment caractériser le tournant du siècle dernier, encore trop proche pour en donner une lecture objective et détachée ? J'ai choisi de l'appeler « le mythe de la fin de l'Histoire », empruntant volontairement cette expression à l'essayiste américain Francis Fukuyama[1], car elle est sous-tendue par une théorie économique et géopolitique forte : la fin des conflits armés grâce à la mondialisation commerciale. Dans les années 1980 en effet, l'Union soviétique se disloque : la guerre froide se termine par la victoire des démocraties libérales occidentales. La voie est ouverte à une mondialisation commerciale effrénée. La théorie libre-échangiste devient dominante parmi les élites : l'ouverture du commerce international permet de fabriquer les produits à faible valeur ajoutée dans des pays à bas coûts de main-d'œuvre afin que les pays dominants, dont la France, puissent se concentrer sur les produits et services à haute valeur ajoutée. Dans ce schéma, tout le monde est a priori gagnant : les pays pauvres accèdent aux technologies occidentales et les pays occidentaux voient leur capacité de consommation augmenter. La communauté européenne franchit des étapes majeures et se construit largement sur l'ouverture commerciale et la concurrence (on parle d'accords de libre-échange et de *level playing field* dans le jargon administratif européen pour désigner la suppression des barrières à la concurrence). Plusieurs économistes et dirigeants théorisent « la France sans usines ». La Chine, quant à elle,

1. Francis Fukuyama, *La fin de l'histoire et le dernier homme*, Paris, Flammarion, 1992.

entame au début des années 1980 son processus d'ouverture économique contrôlée et va capter une fraction croissante de l'industrie jusqu'à devenir l'usine du monde. Au niveau politique, cette mondialisation heureuse doit conduire à une transition démocratique des pays en développement, ce qui se révèle exact pour plusieurs d'entre eux : Taïwan, la Corée du Sud, l'Indonésie, le Brésil, l'Argentine… avec cependant une exception majeure : la Chine !

Au tournant du siècle, la compétition schumpétérienne s'impose donc entre entreprises, mais aussi entre individus. Le concept d'égalité des chances se répand : chacun doit construire lui-même sa propre trajectoire en faisant appel aux ressources publiques (écoles, formations, aides à l'emploi, aides à entrepreneuriat…) mises à sa disposition par la collectivité. La personnification du succès des entreprises s'amplifie : Bill Gates incarne le succès de Microsoft, Tim Cook celui d'Apple, Mark Zuckerberg celui de Facebook. L'apothéose est sans doute atteinte dans les années 2010 par Elon Musk, véritable gourou des temps modernes présenté par les médias comme l'unique facteur de succès de Tesla et de SpaceX. Cette personnification n'est pas anodine : d'une part, elle dévalorise implicitement tous les salariés travaillant dans ces entreprises et donne le droit aux dirigeants de prendre des mesures salariales brutales[1] ; d'autre part, elle traduit à quel point l'individualisme progresse et se confond parfois avec la notion de liberté individuelle. Le corollaire de cette culture du succès individuel est la peur du chômage et du déclassement : la

1. Elon Musk a par exemple licencié des centaines de salariés de Twitter par courriel en 2022.

perte d'emploi devient un échec imputable à soi-même puisque d'autres parviennent à réussir. La réussite professionnelle peut s'exhiber et se revendiquer: « Si à 50 ans on n'a pas une Rolex, c'est quand même qu'on a raté sa vie », dira sciemment Jacques Séguéla, partisan de Nicolas Sarkozy en 2009. Dans une société de plus en plus individualiste, les conflits sociaux tendent à porter sur le pouvoir d'achat et la défense des intérêts personnels: lutte contre la vie chère, réduction du temps de travail, droit à la déconnexion, défense des régimes spéciaux de retraite et autres avantages spécifiques des entreprises publiques...

Dans ce mythe de la fin de l'Histoire enfin, l'entremêlement des économies grâce au commerce international doit mettre fin aux conflits armés. De la liberté des échanges, de la liberté de circulation des capitaux et des personnes doit émerger le progrès ultime: la paix! De fait, le tournant du siècle est grandement épargné par la guerre, du moins en Occident. La promesse est donc tenue et la guerre de Yougoslavie fait figure d'exception, vestige de la dislocation de l'Union soviétique. À partir de la décennie 2010 toutefois, l'essor de la paix est de plus en plus contrarié. L'invasion de la Crimée par la Russie marque un premier avertissement suivi, comme nous le savons, par l'invasion de l'Ukraine en 2022. Les printemps arabes et l'établissement puis le déclin d'un État islamique en Syrie constituent autant de signaux sur la faible stabilité géopolitique au Moyen-Orient et au Maghreb[1]. En Asie du Sud et

1. Les récents coups d'État en Afrique subsaharienne combinés laissent craindre que cette partie du monde puisse sombrer dans la guerre civile ou dans des régimes islamistes radicaux.

dans l'Indopacifique les tensions persistent, qu'il s'agisse bien sûr de l'invasion putative de Taïwan par la Chine, mais aussi des accrochages entre l'Inde et la Chine ainsi qu'entre l'Inde et le Pakistan. L'entremêlement des économies mondiales s'avère bien un frein aux conflits armés, c'est indéniable, mais parfois insuffisant pour enrayer l'escalade vers la guerre. Il favorise aussi de nouvelles menaces pour les démocraties occidentales, notamment l'ingérence numérique. Comme nous le verrons, celles-ci font peser un risque nouveau de dislocation interne de la démocratie, à la manière d'une armée virtuelle qui parviendrait par la désinformation et le populisme à prendre le contrôle du pays.

Durant cette période de mythe de la fin de l'Histoire, la vision de la France se transforme : la « grandeur de la France » se mue en une « France bénéficiaire de la société de consommation mondialisée ». Les valeurs affichées, elles, restent inchangées : universalisme, émancipation, progrès. Dit autrement, le mélange de colbertisme et de libre-échangisme doit assurer notre prospérité.

Ce changement de vision n'est pas partagé par tous, et ce en grande partie car elle ne correspond pas à la réalité vécue : les grands discours sonnent creux aux oreilles de plus en plus de Français.

L'universalisme est critiqué par les perdants de la mondialisation et est contredit par le chômage de masse. L'égalité des chances apparaît aux yeux de certains comme la légitimation des inégalités au profit d'une caste de dirigeants et de grandes fortunes. Les écarts de salaires et de patrimoine s'accroissent lentement en Europe à partir des années 1990, y compris en France où le système de redistribution particulièrement fort joue pourtant un rôle d'amortisseur notable par rapport aux pays anglo-saxons. Le dysfonctionnement progressif de l'ascenseur social, qui sape la cohésion sociale, est patent : après la Hongrie, la France est le pays d'Europe où l'avenir professionnel des enfants dépend le plus du niveau social et du niveau de richesse des parents[1]. Une grande part des jeunes issus de milieux défavorisés voient leur liberté de réussir et d'entreprendre entravée ; dans les territoires ruraux, le déclin de plusieurs fleurons industriels comme Alstom ou Alcatel marque les esprits et symbolise la désindustrialisation. La mondialisation est perçue comme un appauvrissement des personnes modestes des pays développés au profit des classes aisées des pays pauvres. À travers le monde enfin, l'universalisme français encore souvent mis en avant par les dirigeants politiques devient caduc : plus personne ne croit que la France et ses 70 millions de ressortissants ont le pouvoir de faire rayonner ses valeurs et son mode de vie dans un monde peuplé de 9 milliards d'êtres humains. Le déclin de l'influence française en Afrique de l'Ouest, qui a culminé avec le retrait des forces françaises du Mali et du Niger en 2023, en constitue une illustration emblématique. L'Europe et ses 450 millions d'habitants possèdent encore ce pouvoir d'influence… La Chine constitue enfin un contre-exemple notable de l'universalisme des valeurs occidentales : elle est en passe de devenir la première puissance économique mondiale sans avoir respecté les règles du commerce international – puisqu'elle applique sans scrupule la règle selon laquelle pour accéder au marché chinois, il faut localiser les usines en Chine – et sans donner aucun signe d'ouverture démocratique.

1. Laurence Boone et Antoine Goujard, *La France, les inégalités et l'ascenseur social*, rapport de l'OCDE, 2019.

La notion de progrès vacille également parce que notre société se heurte aux limites planétaires : trou dans la couche d'ozone, changement climatique, effondrement de la biodiversité, septième continent de plastique, pollution des sols et nappes phréatiques aux pesticides. Quelques grands scandales comme le sang contaminé, l'accident nucléaire de Tchernobyl et les algues vertes créent un terreau favorable pour mettre en cause le progrès technologique. De manière plus diffuse, de plus en plus de pratiques industrielles commencent à interroger la population : industrialisation des élevages, irrigation de cultures en zone aride, excès de publicité, suremballage, etc. Au tournant du siècle, les conséquences de la société de consommation commencent à se faire sentir, mais sans appréhension globale. Si les discours alarmistes se multiplient pour alerter sur le dérèglement climatique, puis sur l'effondrement de la biodiversité, la mise en action reste imparfaite, car au plus profond de notre société l'urgence apparaît encore comme relative et notre volonté collective fait défaut dès lors que l'effort affecte nos habitudes de consommation.

La notion de progrès sociétal est également remise en cause à de multiples égards qui résonnent comme autant d'alertes : développement des *fake news* et du populisme, retour des croyances (dont un des symboles français est la résistance à la vaccination), poches d'islamisme radical dans les banlieues, abrutissement généré par les réseaux sociaux et par l'économie de l'attention[1], expansion de l'obésité et des maladies comportementales, épidémie de

1. Les contours de l'économie de l'attention sont décrits dans le chapitre relatif à l'information.

Covid-19, prise de conscience du mur climatique et essor de l'éco-anxiété. Ce questionnement autour de la notion de progrès est partiel, multiforme et très hétérogène : certains critiquent l'insoutenabilité écologique de nos modes de vie mais sont de fervents défenseurs des progrès numériques ; d'autres sont inquiets de la prolifération des *fake news* et de leur impact sur la démocratie, mais sont attachés à la mondialisation et au libre-échange international ; certains groupes promeuvent la démondialisation et les *low-tech* mais sont hostiles à tout cadrage des libertés individuelles, voire sont permissifs à l'égard du communautarisme.

L'individualisme enfin se substitue petit à petit à l'augmentation des libertés individuelles. Ce remplacement se traduit par deux composantes : la quête perpétuelle d'augmentation du pouvoir d'achat et l'essor des loisirs autocentrés – voyages, réseaux sociaux, parcs d'attractions, loisirs à sensations... Jérôme Fourquet décrit comment en quelques décennies les musées ont cédé la place à Disneyland en tant que site le plus prisé des Français[1]. L'impérieuse nécessité de publier sur les réseaux sociaux les événements courants de nos vies[2] – en les magnifiant – relève de la même logique autocentrée. La technologie aide grandement à la montée de l'individualisme : à partir

1. Jérôme Fourquet et Jean-Laurent Cassely, *La France sous nos yeux*, Paris, Seuil, 2021.
2. Après plusieurs heures d'attente, des milliers de spectateurs au champ de Mars regardent désormais le feu d'artifice du 14 Juillet en hissant leur téléphone portable au-dessus de ceux de leurs voisins et semblent parfois plus préoccupés par la bonne inclinaison de leur téléphone que par le feu d'artifice lui-même.

des années 1990, Internet décuple nos capacités d'achats et relie chaque Français à une infinité de produits d'un magasin virtuel très largement basé en Chine ; l'industrialisation du transport aérien déforme les distances et permet à la classe moyenne de partir en vacances à l'autre bout du monde. Au tournant du siècle, l'art de vivre à la française incorpore enfin pleinement le mythe américain de la maison individuelle avec jardin et haie de thuyas. Un mythe, si possible avec barbecue et piscine, qui devient accessible à une large frange de la classe moyenne : comme l'indique Jérôme Fourquet, la France est le pays avec le ratio le plus élevé du monde de piscines individuelles rapporté au nombre d'habitants.

Dans ce système, les libertés individuelles sont préservées, et même sans aucun doute accrues. Toutefois, elles s'orientent au premier chef vers des « droits » sans « devoirs » : pouvoir faire le plus de choses sans contrainte. En creux, une part croissante de la population sent que ses libertés individuelles sont menacées à terme : l'accès au pouvoir d'un parti extrême pourrait réduire la séparation des pouvoirs et donc les libertés fondamentales ; le mur climatique et écologique peut amener à contraindre les libertés individuelles et détruire une partie du patrimoine et du pouvoir d'achat des Français ; l'économie de l'attention se révèle de plus en plus aux yeux de certains Français comme un enfermement addictif dont le but est de nous exposer à la publicité, au détriment de la vraie vie. De manière beaucoup plus nette, nos libertés individuelles et la capacité d'expression de la France à l'international sont menacées par notre dépendance économique à certains pays autoritaires (Chine, Moyen-Orient et Russie) qui tentent de déstabiliser notre démocratie par de multiples vecteurs : tentatives d'influence des élections par la diffusion de *fake news*, ingérences politiques par la compromission de dirigeants, achats par les puissances du Golfe de fleurons symboliques comme le PSG pour se doter d'un pouvoir d'influence[1], déclenchement de vagues migratoires par des pays limitrophes de l'Union européenne au moment des campagnes électorales afin de renforcer le vote en faveur des partis extrêmes.

Ainsi, derrière les valeurs affichées d'universalisme, de progrès et d'émancipation, d'autres valeurs prennent le dessus au tournant du siècle : l'individualisme, le matérialisme et la mondialisation.

Il est frappant rétrospectivement de voir à quel point ces valeurs excluent la notion de collectif et de fraternité entre Français. Beaucoup de sociologues évoquent aujourd'hui une France « archipellisée » et qui ne fait plus nation. La déconstruction du collectif me semble trouver ses racines dans cette vision de la fin de l'Histoire et de mondialisation heureuse. Comment se sentir unis par un destin commun quand l'idéal des ménages aisés est de partir en vacances à Bali, en Grèce ou à Marrakech ? Comment faire nation lorsque notre industrie manufacturière est impitoyablement mise en concurrence avec l'usine du monde chinoise ? Comment maintenir la fraternité lorsque les réseaux sociaux

1. L'organisation de la Coupe du monde de football au Qatar en 2022, la tenue de la COP28 aux Émirats arabes unis en 2023, la présidence par l'Arabie saoudite du prochain forum de l'ONU sur le droit des femmes sont d'autres exemples de la stratégie d'influence et de normalisation de ces pays.

exacerbent les prises de parole radicales et le culte de soi ? Comment les jeunes des quartiers pauvres peuvent-ils se sentir considérés et intégrés alors que l'aisance matérielle est érigée en idéal à atteindre et que la reproduction sociale est aussi élevée ?

Il est essentiel de garder à l'esprit que cette vision a été voulue et assumée par les dirigeants de l'époque, et donc, pour ce qui concerne les dirigeants politiques, par la population qui les a élus. N'oublions pas non plus qu'en tant que consommateur, chaque Français y a notablement gagné et que ce pouvoir d'achat accru grâce aux produits *made in China* est une drogue dont il est difficile de se départir !

Les grands objectifs de politique publique durant cette période semblent relativement simples à résumer. Économiquement, les deux principaux sont le pouvoir d'achat et le taux de chômage. Le pouvoir d'achat se confond d'ailleurs largement avec la croissance du PIB, ce qui tend à conserver facialement l'idée de grandeur de la France : tant chez les dirigeants politiques que dans les sphères administratives du ministère de l'Économie, faire croître le PIB autant que possible reste la priorité et parvenir à dépasser le PIB de l'Allemagne et du Royaume-Uni constituerait une démonstration de notre puissance. Plus généralement, et comme l'écrit Yuval Noah Harari dans son épatant livre *Sapiens*[1], le capitalisme financiarisé qui sous-tend économiquement cette période devient une forme de religion dont « le principal dogme est que

1. Yuval Noah Harari, *Sapiens, une brève histoire de l'humanité*, Paris, Albin Michel, 2022, p. 368.

la croissance économique est le bien suprême, parce que tout le reste en dépend : la justice, la liberté et même le bonheur[1] ».

Le déficit et la dette publique deviennent des indicateurs de plus en plus scrutés également à mesure que la France entame un long périple, largement inachevé, de tentative de maîtrise des finances publiques. Durant cette période enfin, la compétitivité devient un objectif revendiqué et martelé par la plupart des forces politiques : pour préserver son rang, notre pays doit rester compétitif en matière de coût de la main-d'œuvre, de coût de l'énergie, d'éducation et de performance des services publics. L'ouverture à la concurrence et la privatisation de certaines sociétés publiques, assumées par certains gouvernements lors des campagnes électorales, découlent de cet objectif de compétitivité.

Socialement, les objectifs du mythe de la fin de l'Histoire semblent plus diffus : le pourcentage de réussite au bac est longtemps présenté comme une priorité, quitte à réduire le niveau d'exigence pour l'obtenir ; l'espérance de vie et le taux de natalité sont régulièrement mentionnés également. La restriction de l'immigration devient

1. Yuval Noah Harari écrit ensuite de manière plus directe : « Demandez à un capitaliste comment apporter la justice et la liberté politique à un pays comme le Zimbabwe ou l'Afghanistan. Probablement aurez-vous droit à une leçon vous expliquant combien l'abondance économique et une classe moyenne prospère sont essentielles à des institutions démocratiques stables ou soulignant la nécessité d'inculquer aux tribus afghanes les valeurs de la libre entreprise, de l'épargne et de l'autonomie. »

un objectif croissant puis majeur, au point de s'imposer comme thème central des campagnes électorales à partir des années 2000. Dans cette vision du tournant du siècle dont l'individualisme constitue une valeur cardinale, cette inquiétude relative à l'immigration apparaît logique : elle vise à se préserver d'autrui et à conserver sa bulle personnelle. Sémantiquement, il est symptomatique que la préservation de l'exception culturelle française des années 1980 se déforme en débat sur la préservation de « l'identité française » : si la culture est par définition une notion ancrée dans le collectif, l'identité peut facilement renvoyer à l'individu et à sa propre expérience.

Ces objectifs sont caractéristiques d'une société de consommation mondialisée. Il n'est donc pas surprenant qu'au-delà de la France, la plupart des pays occidentaux affichent des objectifs similaires et que l'Union européenne se construise en grande partie sur le libre-échange ainsi que la promotion de la croissance et du pouvoir d'achat comme indicateurs phares.

Cette période du mythe de la fin de l'Histoire et de mondialisation heureuse va se heurter à deux difficultés majeures : d'une part, la vision porte en elle des faiblesses structurelles et génère un modèle économique non soutenable ; d'autre part, les objectifs associés à cette vision ne sont pas atteints et une fraction croissante de la population va se mettre à douter puis à contester ce modèle de société.

Deux décennies de non-atteinte des objectifs de croissance et de lutte contre le chômage de masse vont progressivement ancrer un malaise et un paradoxe profonds : les Français n'y croient plus et éprouvent pour certains un sentiment de trahison de l'élite[1] alors même que la situation matérielle de notre pays reste largement enviée et enviable. Ni la vision ni les valeurs affichées ne sont en phase avec la réalité.

Dans cette période de doutes croissants, la crise financière de 2008 a servi de premier révélateur. Le système capitaliste occidental a vacillé, l'économie s'est contractée brutalement, les démocraties ont tangué. Certains pays européens sont passés près du défaut de paiement, ce qui aurait fait exploser la zone euro. Le système a tenu au prix d'un accroissement majeur des dettes publiques. Après la phase aiguë de la crise, la décennie 2010 semble avoir été une décennie d'entre-deux, combinant la poursuite du déclin du modèle de la fin de l'Histoire avec la gestation imperceptible d'un nouveau modèle de société. D'importants signaux ont continué de révéler l'ampleur de l'écart entre la vision affichée et la réalité : l'élection de Donald Trump aux États-Unis, le Brexit, la poursuite de la croissance des émissions mondiales de gaz à effet de serre malgré l'accord de Paris sur le climat, les Gilets jaunes, etc. Plus récemment, la pandémie de Covid-19, la guerre en Ukraine, la résurgence de la guerre israélo-palestinienne et ce qui ressemble à une forme de guerre froide progressive entre les États-Unis et la Chine parachèvent le crépuscule du mythe de la fin de l'Histoire.

1. Une grande partie des populistes qui cherchent à conquérir le pouvoir ou l'ont conquis s'appuient sur ce rejet de l'élite et se présentent comme des candidats « antisystème », quand bien même certains, comme Donald Trump, en ont longtemps fait partie et bénéficié.

Nous arrivons au moment où le brouillard se lève. La France a la gueule de bois et il est temps de bâtir une nouvelle vision et de retrouver l'élan national.

L'âge de raison (2020-2050) : la France et l'Europe championnes du mieux-vivre ensemble

Lors de l'épidémie de Covid-19, nous avons été nombreux à réfléchir au *monde d'après*, estimant ou espérant qu'après cette terrible pandémie notre société changerait. Cette pause forcée a par exemple été l'occasion de s'interroger collectivement sur la répartition de la valeur : est-il normal qu'une aide-soignante qui risquait alors sa vie dans des hôpitaux submergés gagne à peine plus que le Smic quand la plupart des cadres, maintes fois mieux payés, étaient confortablement installés dans leur canapé en télétravail ou en chômage partiel ? Quid des métiers de la deuxième ligne comme les chauffeurs de poids lourds et les éboueurs qui ont eux aussi continué à travailler ? Parallèlement, l'épidémie a cruellement mis en lumière notre dépendance industrielle à travers la pénurie de masques et de matériels médicaux, contraignant la France et l'Europe à acheter à prix d'or des matériels et des médicaments qu'elles ne fabriquent plus (les pays pauvres furent les plus affectés puisque dans l'impossibilité financière de se les procurer).

Mais, symétriquement, la solidarité s'est accrue durant la pandémie. Des bénévoles sont venus aider les agriculteurs qui manquaient de main-d'œuvre faute de pouvoir faire venir des saisonniers. Nous avons applaudi les soignants chaleureusement tous les soirs lors du premier confinement et nous avons organisé l'accueil de leurs enfants. Nous avons redécouvert la proximité, et beaucoup d'entre nous ont tenté de soutenir les restaurateurs locaux en se rendant chez eux. La notion de sens au travail est revenue sur le devant de la scène. Plusieurs centaines de milliers de Français ont changé de vie, et sans doute tout autant y ont pensé sérieusement sans passer à l'acte.

Juste après l'épidémie, la géopolitique tragique est revenue en force avec l'invasion russe de l'Ukraine, le début d'une forme de guerre froide entre les États-Unis et la Chine et l'embrasement du conflit israélo-palestinien. Parallèlement, plusieurs catastrophes naturelles majeures se sont succédé et ont contribué à la médiatisation des périls planétaires : dômes de chaleur et incendies sans précédent au Canada, feux de forêt massifs en France et sur le pourtour méditerranéen, sécheresse historique de l'été 2022, inondations dramatiques au Pakistan (pays doté de l'arme nucléaire rappelons-le, et dont la décrépitude ou l'islamisation entraînerait un risque majeur). Nous percevons de plus en plus que dans un monde aux ressources finies, l'accroissement des inégalités et la concentration des richesses peuvent s'avérer insoutenables pour une partie de l'Humanité. Nous percevons également que le retour des pénuries sur les biens de consommations de base (médicaments, masques, moutarde, huile) traduit une forme d'appauvrissement collectif qui résulte d'un excès de déploiement du modèle libre-échangiste. Très récemment enfin, le lancement de ChatGPT et des intelligences artificielles génératives marque un potentiel tournant en matière d'exacerbation des *fake news* et de la capacité humaine à évaluer la véracité d'une information, ce qui pourrait déboucher sur un risque majeur en matière de préservation de la cohésion sociétale et de la démocratie.

Dans cette succession de crises et de bouleversements, je fais le pari que la France et l'Europe sortent par le haut : que l'anxiété et le repli sur soi ne l'emportent pas face à la volonté d'agir et la quête de sens des jeunes générations. Que l'âge de raison l'emporte !

Ce nouveau modèle de société part d'une vision simple : faire de l'Europe et de la France les championnes du mieux-vivre ensemble !

Cette vision diffère de la recherche d'hégémonie chinoise et américaine. Nous ne voulons pas dominer la Chine et les États-Unis, mais nous ne voulons pas non plus devenir leurs vassaux ni dépendre des puissances gazières et pétrolières. L'âge de raison inclut donc, comme nous le verrons, la notion d'autonomie stratégique. Il présente des similitudes avec l'économie humano-centrée décrite par Pierre Veltz dans son livre : *L'économie désirable. Sortir du monde thermo-fossile*[1] : présentée comme « une économie centrée sur les individus, le développement de leurs capacités, des liens qui les unissent et des milieux de vie permettant leur épanouissement », l'économie humano-centrée fait en effet la part belle à la préservation des biens communs et décrit avec précision la perte de contrôle induite par l'enchevêtrement mondial des chaînes de valeurs ainsi que le rôle démesuré de la *Factory China* dans la fabrication des biens de consommation courante. L'âge de raison possède toutefois

1. Pierre Veltz, *L'économie désirable. Sortir du monde thermo-fossile*, Paris, Seuil, 2021, p. 45-46.

une dimension plus systémique car défocalisée du seul défi de la transition énergétique.

L'âge de raison s'appuie sur des valeurs fondamentalement différentes de celles de la période précédente, des valeurs en partie mises de côté ces dernières décennies : la cohésion sociétale, l'autonomie stratégique et la préservation des biens communs.

Dans cette nouvelle vision, la préservation des biens communs métamorphose largement la notion de progrès du siècle précédent. Nombre de débats d'opinion actuels portent déjà sur la préservation des biens communs : la soutenabilité et la résilience se placent progressivement au cœur des transformations économiques et sociales de la première moitié du XXIe siècle. Qu'il s'agisse de sobriété, de zéro déchet, de covoiturage, de circuits courts, d'amélioration de la qualité de l'air, de réduction de la consommation d'eau, de changement des pratiques agricoles, du bien vieillir ou encore de l'augmentation de la pratique d'activité sportive, une grande partie des changements de nos habitudes quotidiennes ont pour finalité la préservation de notre santé et des biens communs environnementaux. Freiner le réchauffement climatique et l'effondrement de la biodiversité en constitue deux marqueurs évidents. La lutte contre l'obésité et les maladies environnementales et comportementales (asthme, allergies, diabète…) forment leur alter ego en matière de santé. La préservation des connaissances et de l'accès à une information de qualité, autre bien commun, nécessite quant à elle une transformation de l'ensemble de la chaîne éducative et une évolution de notre rapport au numérique.

En matière de progrès sociaux, le vieillissement démographique en Europe ne permet plus de moins travailler ni de travailler moins longtemps (rappelons au passage que la France est un des pays d'Europe où le départ à la retraite intervient le plus tôt[1] et c'est un pays dont les retraités ont un pouvoir d'achat significativement plus élevé que les actifs[2]), l'âge de raison met donc l'accent sur la qualité de vie au travail et l'employabilité : mieux se former tout au long de la vie, augmenter le nombre de places en crèches, lutter contre les maladies chroniques qui affectent l'employabilité et la productivité (obésité, dépression, troubles musculo-squelettiques), faciliter la mobilité géographique professionnelle[3], etc. Le champ d'action en matière de qualité de vie au travail et d'employabilité est vaste.

Dans cette nouvelle vision, la cohésion sociétale réintroduit du collectif en lieu et place de l'individualisme des dernières décennies. L'égalité étant historiquement une composante importante de la cohésion en France (ce qui est moins le cas dans les pays anglo-saxons), le concept d'égalité des chances[4] des années 2000 doit être revisité

1. Boran Tobelem, « L'âge légal de départ à la retraite dans l'Union européenne », *touteleurope.eu*, 1er septembre 2023.
2. Ministère de la Santé et de la Prévention, Direction de la recherche, des études, de l'évaluation et des statistiques, « Le niveau de vie des retraités », *drees.solidarites-sante.gouv.fr*, 2020.
3. Cette facilitation pourrait se faire par exemple en supprimant les droits de mutation lors d'un déménagement pour motif professionnel. Taxer les déménagements, alors que la résidence principale est le premier patrimoine des classes moyennes, constitue en effet un frein important à la mobilité professionnelle.
4. L'égalité des chances peut se définir comme le fait que le statut social d'un individu d'une génération ne dépende pas des caractéristiques morales, ethniques, religieuses, financières et

pour réduire le déterminisme social en place depuis plusieurs décennies. Des actions fortes pour lutter contre la ségrégation spatiale devront être engagées, dont le programme Cœur de ville et le plan de réindustrialisation des villes moyennes constituent deux premiers exemples. La cohésion sociétale suppose également de parvenir à un consensus plus net sur l'immigration : accepter une part d'immigration professionnelle nécessaire compte tenu de la baisse du ratio actif/inactif consécutive au vieillissement démographique ; être plus efficace dans les reconduites à la frontière des migrants économiques[1] en dépit du dilemme éthique que ces reconduites induisent ; accroître l'aide au développement européenne en privilégiant les pays de proximité et en instaurant un principe d'aides liées[2] tant que les autres grandes puissances y ont recours ; accroître

sociales de ses parents, mais qu'il ne relève que des mérites propres de l'individu.

1. La population du continent africain étant amenée à dépasser les 2 milliards d'individus, il est possible, si le niveau de vie du continent africain ne décolle pas, que le nombre de migrants vers l'Europe augmente considérablement. Face à cette possibilité, l'Europe se doit à mes yeux de se préparer, sans céder aux inquiétudes du grand remplacement.

2. L'aide est dite liée si elle impose de recourir en partie à des entreprises du pays donateur. Ainsi, lorsque la Chine accorde une aide ou un prêt subventionné à un État pour construire une infrastructure (port, route, centrale énergétique...), elle dépêche sur place des entreprises chinoises pour la construire. Le lien dans le cas de l'Europe pourrait constituer à limiter la part des travaux réalisés par des entreprises de pays ne partageant pas les valeurs européennes ou les normes sociales occidentales.

la communication nationale et européenne sur les volumes d'immigration, par exemple via la Cour des comptes, pour dégonfler le mythe d'une invasion rampante.

La préservation des biens communs peut former également un objectif fédérateur et un facteur de cohésion dès lors que nous réussirons à l'inscrire dans un récit positif. À ce titre, les politiques de préservation gagneront à être orientées vers des actions collectives plutôt qu'individuelles : la baisse volontaire de 10 % de nos consommations d'énergie lors de l'hiver 2022, alors même que le prix de l'énergie avait été gelé grâce au bouclier tarifaire, montre la force d'entraînement de l'action collective[1]. Plus novateur, la cohésion sociétale passe aussi par le rétablissement d'une information de qualité. Comme décrit dans un chapitre spécifique, ce chantier nouveau implique de profondes évolutions dans notre rapport au numérique et aux réseaux sociaux ainsi que des actions structurelles pour soutenir les médias qualitatifs. Pour faire nation, nous avons besoin d'accéder à des sources d'information fiables et diversifiées et non d'un kaléidoscope de points de vue radicaux renforcés par des enfermements algorithmiques. Ce péril m'apparaît réel et sérieux : la multiplication des chaînes d'information en continu, la circulation de *fake news* et le *débilitisme* engendré par l'économie de l'attention ont érodé notre capacité d'accès à une information de qualité et mis

1. Vivre-ensemble et cohésion ne se décrètent pas, mais s'acquièrent par la réalisation d'actions collectives permettant d'ancrer un récit partagé et un sentiment d'appartenance. L'Union européenne a longtemps souffert, et souffre encore, de ce déficit d'actions collectives et de récit commun.

à mal l'objectivité scientifique. Y aurait-il eu Brexit sans les chaînes d'information en continu, les réseaux sociaux et l'instantanéité de l'information qu'ils induisent ? Le capitole américain aurait-il été attaqué au lendemain de la victoire électorale de Joe Biden ? Dans son livre *Les ingénieurs du chaos*, l'écrivain Giuliano da Empoli, décrit comment les réseaux sociaux et leurs possibilités de ciblages algorithmiques à des fins électorales favorisent l'émergence des candidats antisystème dont le corpus idéologique se résume à suivre les fluctuations de l'opinion et ses contradictions[1].

La cohésion sociétale suppose enfin une exemplarité accrue des dirigeants ainsi qu'une augmentation du *payback* des plus fortunés vers la société. La vision libre-échangiste du tournant du siècle a été largement promue par les élites des années 2000 et leur a largement bénéficié. Pour que la nouvelle vision du mieux-vivre ensemble prospère, elle doit être portée et incarnée par les élites d'aujourd'hui, ce qui constitue un défi en soi. Localiser sa fortune au Luxembourg et dans d'autres paradis fiscaux, pratique à la fois légale et courante actuellement, doit devenir plus difficile et réprouvé. Assumer, comme l'ont fait nombre de patrons français au tournant du siècle, de délocaliser une usine en Chine doit devenir une pratique rare. Comme nous

1. Cette propension à suivre les fluctuations de l'opinion explique pourquoi des personnalités comme Donald Trump ou Beppe Grillo peuvent prononcer des énormités et se contredire ouvertement sans susciter de réactions de rejet dans leurs bases électorales. Elle explique aussi pourquoi Marine Le Pen, qui avait milité en faveur du Frexit en 2017, s'affiche désormais en faveur d'un maintien dans l'Union européenne.

le verrons, il est possible d'éviter que ce *payback* consiste en une taxation brutale (dont les plus fortunés chercheraient à s'exonérer par de l'évasion fiscale, compromettant l'impératif d'exemplarité). La création de fondations d'intérêt public, abondées au moment des successions et gérées par les ayants droit, permettrait de créer un capital « ni public ni privé » aux fins de financer des missions d'intérêt général, recyclant ainsi une partie de la richesse des plus aisés au profit du collectif.

Dans cette nouvelle vision, l'autonomie stratégique, c'est-à-dire la capacité d'un peuple à décider par lui-même de son propre sort sans être entravé par des pressions extérieures, devient le ressort principal de la liberté, qui cesse de consister en l'augmentation sans fin des libertés individuelles et de la propension à consommer. Acheter redevient un acte citoyen : les consommateurs sont incités à acquérir des produits fabriqués en France et en Europe dans des conditions soutenables ; ceux qui nuisent à la santé et au collectif sont pénalisés. Les pouvoirs publics guident plus fortement l'innovation vers les secteurs positifs pour le bien-être collectif et la souveraineté industrielle. Les directives européennes *Fit for 55* et *Net Zero Industry Act* marquent la première étape de ce mouvement. Conscient qu'une nouvelle technologie peut être bénéfique ou néfaste à la société selon les usages qui en sont faits, la puissance publique devient également plus interventionniste pour réguler certaines pratiques : temps passé sur les réseaux sociaux, recours à l'intelligence artificielle, utilisation des cryptomonnaies, étiquetage nutritionnel, malus sur le poids des véhicules, interdiction de l'huile de palme… Ces encadrements, dont certains sont déjà effectifs ou en discussion, permettent d'éviter des dérives nuisibles à la société.

Sur le plan économique enfin, la théorie libre-échangiste est remplacée par la recherche d'une économie soutenable où les échanges commerciaux ne sont favorisés qu'avec les pays partageant nos valeurs. Conscient que les infrastructures de notre pays doivent évoluer pour préserver les biens communs, et que cela ne se fera pas spontanément par le simple jeu du marché, la planification stratégique se développe et concerne en premier lieu la transition écologique et l'industrie, puis la santé et le numérique. La main invisible du marché, qui avait libre cours au tournant du siècle, se trouve ainsi encadrée à double titre : par la limitation des échanges avec les pays ne partageant pas nos valeurs, et par des règles du jeu internes qui favorisent les produits ou infrastructures favorables au bien-être collectif.

L'âge de raison peut paraître utopique et lointain !

Pourtant, à bien des égards nous y sommes déjà entrés sans en être vraiment conscients.

Lorsque nous interdisons les vols en avion substituables par train en moins de trois heures trente, nous privilégions la préservation du bien commun climatique par rapport à la liberté individuelle de se déplacer sans contrainte. Il en va de même pour de nombreuses mesures adoptées ces dernières années : restriction d'usage de l'eau lors des sécheresses de 2022 et 2023, interdiction de louer des passoires énergétiques, plans Écophyto pour réduire l'usage des pesticides, plan d'adaptation au changement climatique, programme Action cœur de ville pour revitaliser les centres-villes en déshérence, bonus-malus automobile pour décourager fortement l'achat des véhicules thermiques avant leur interdiction en 2035... Toutes ces mesures récentes, et bien d'autres, ont pour finalité la préservation des biens communs naturels et patrimoniaux, quitte à restreindre ou encadrer nos comportements.

De même, lorsque nous ajoutons le terme « prévention » aux attributions du ministre chargé de la Santé et que nous dénommons enfin l'obésité comme une maladie chronique, nous symbolisons le début d'un changement d'une médecine purement curative vers une approche plus globale agissant sur nos comportements et sur l'environnement qui nous entoure. La mise en place du Nutri-Score, le renforcement de la lutte contre le tabagisme et l'alcool – tous deux en régression lente depuis dix ans –, la lutte contre la pollution de l'air, la réduction des nuisances sonores en ville, l'augmentation du nombre d'heures de sport au collège, ne sont qu'une fraction des mesures qui matérialisent la montée en puissance de la prévention plutôt que de l'acte de guérir.

Lorsque, enfin, nous mettons en place des subventions à l'implantation de nouvelles usines, simplifions les permis pour faciliter leur construction, réhabilitons des friches industrielles, créons un fonds d'investissement dans les métaux stratégiques, nous agissons en faveur de l'autonomie stratégique. Qui aurait ainsi pensé au début des années 2000 que l'État français pourrait, avec l'accord de la Commission européenne, verser 3 milliards d'euros d'aides publiques pour l'implantation d'une usine de semi-conducteurs sur notre territoire[1] ?

1. Reuters, « La France débloque €2,9 mds pour la nouvelle usine de STMicroelectronics et GlobalFoundries », *lesechos.fr*, 5 juin 2023.

Si nous sommes déjà partiellement entrés dans l'âge de raison, la vision d'ensemble fait hélas encore défaut. Son explicitation devient urgente faute de quoi l'acceptabilité des transformations sera ardue, voire impossible. Nous ne sommes en effet qu'au commencement vers ce nouveau modèle de société et nous avons logiquement commencé par les mesures les plus simples. Les résistances d'ores et déjà observées montrent la difficulté à aller de l'avant sans partage préalable d'une vision commune. À ce titre, les tensions et les violences lors des manifestations contre le projet de bassines agricoles de Sainte-Soline constituent un exemple symptomatique : pour préserver la ressource en eau, une évolution majeure du modèle agricole s'impose, qui au-delà des changements de culture et des pratiques d'irrigation comprend également des barrières à l'importation – pour éviter une délocalisation rampante – ainsi qu'une modification du régime alimentaire côté consommateurs... Face à l'ampleur de cette transformation, si nous n'explicitons pas la vision d'ensemble, la tentation sera forte de maintenir le statu quo et d'échouer à préserver les nappes phréatiques. Comment en effet convaincre les agriculteurs de changer leurs pratiques agricoles dès lors que nous-mêmes en tant que consommateurs ferions peu ou pas d'effort et continuerions à les mettre en concurrence avec des agriculteurs d'Amérique du Sud non soumis aux mêmes exigences environnementales ?

Les indicateurs clés pour matérialiser l'âge de raison

La vision et les valeurs étant explicitées, la question des objectifs à atteindre se pose : comment caractériser le mieux-vivre ensemble ?

En toute humilité, je liste ici plusieurs objectifs et indicateurs qui me paraissent traduire la recherche du mieux-vivre ensemble. Au même titre que la vision, ces objectifs mériteraient naturellement d'être mis en débat ; institutionnellement, seul le Parlement est fondé à les acter et à contrôler ensuite leur atteinte. Quinze ans après que le Président Nicolas Sarkozy a mandaté deux prix Nobel, Joseph Stiglitz et Amartya Sen, pour travailler à définir des indicateurs de progrès social[1], il est consternant, voire révoltant, de constater que le PIB et le taux de chômage continuent de saturer le débat public. Cette invariabilité ne se comprend qu'à l'aune de la difficulté à changer de vision et à basculer vers l'âge de raison.

Sur la forme, j'ai opté pour un tableau de bord, c'est-à-dire une multitude d'indicateurs regroupés par catégories, comme cela se pratique en entreprise. Je rejoins en ce sens certains économistes, comme Kate Raworth qui dans sa *Théorie du donut*[2] décrit onze indicateurs sociétaux et neuf limites planétaires comme respectivement le plancher et le plafond du *donut* dans lequel la société peut s'épanouir[3]. Jean Pisani-Ferry et Selma Mahfouz, dans leur rapport

1. Joseph Stiglitz, Amartya Sen, Jean-Paul Fitoussi, « Rapport de la Commission sur la mesure des performances économiques et du progrès social », *economie.gouv.fr*, septembre 2009.

2. Kate Raworth, *La théorie du donut. L'économie de demain en sept principes*, Paris, Plon, 2018.

3. Selon Kate Raworth, l'espace de prospérité pour l'Humanité consiste à satisfaire onze besoins fondamentaux sans enfreindre neuf limites planétaires, parmi lesquelles figurent le climat et la biodiversité. À travers le projet académique *Good life*, des économistes ont traduit ces grandeurs en indicateurs de suivi concrets.

« Les incidences économiques de l'action pour le climat[1] », préconisent une autre approche à l'aide d'un indicateur composite unique : ce dernier résulterait de la conversion en une même unité de chaque critère pour aboutir à un chiffre unique, comme l'est par l'exemple l'indice de développement humain. Je n'ai pas retenu cette voie car la grille de conversion des indicateurs est par essence subjective. Par ailleurs, elle laisse entendre une fongibilité entre les différentes grandeurs mesurées, ce qui est inexact dans les cas extrêmes : une planète devenue inhabitable ne peut pas être compensée par la disparition de la pauvreté ou un solde commercial excédentaire. Il est notable à ce titre que le secrétariat général à la planification écologique ait mis en place un baromètre de la transition[2] regroupant quelques dizaines d'indicateurs : comme en entreprise, seule une approche multicritères permet de suivre et de piloter une transformation telle que la transition écologique.

Le pilotage à l'aide d'un tableau de bord correspond par ailleurs à notre réalité quotidienne. Pour conduire une voiture, il ne viendrait à l'idée de personne d'agglomérer dans un compteur unique le niveau de carburant, la vitesse, l'allumage des phares, l'enclenchement des ceintures de sécurité, et les voyants de dysfonctionnements éventuels du moteur. Assurément, un tel indicateur agrégé serait de peu d'usage pratique. De même, lorsque nous achetons un

---

1. Jean Pisani-Ferry et Selma Mahfou, « Les incidences économiques de l'action pour le climat », *strategie.gouv.fr*, mai 2023.
2. Le baromètre est consultable à l'adresse : <https://e.infogram.com/95444dec-4126-496a-85ce-6a017217c0a4?src=embed%22%3E%3Cdiv>.

produit complexe, comme un ordinateur, nous prenons en compte différents paramètres – le prix, la puissance du processeur, la taille de l'écran, la performance énergétique – qu'il semblerait absurde de regrouper en une note unique.

Je conçois qu'une pluralité d'indicateurs pose une difficulté en matière de communication grand public ; il s'agit bien sûr d'une faiblesse, mais ce tableau de bord s'adresse principalement aux dirigeants politiques et en premier lieu à la représentation nationale. En outre, pareillement à la communication annuelle qu'effectue chaque entreprise sur l'atteinte de ses objectifs, ce tableau de bord sociétal pourrait faire l'objet chaque année d'un *rendu-compte* vers le grand public, par exemple lors du discours présidentiel du 14 Juillet sur l'état de la Nation[1]. Cette prise de parole constituerait un temps fort de bilan et de projection qui aurait le mérite de se baser sur des chiffres objectifs.

Le choix d'une multiplicité d'indicateurs traduit enfin la complexité de la vision : être le champion du mieux-vivre ensemble est intrinsèquement plus difficile à caractériser que l'hégémonie économique et militaire. Par souci de lisibilité, j'ai regroupé les indicateurs en quatre sous-ensembles portant sur une question spécifique : les Français ont-ils confiance dans leur avenir et celui de leur pays ? Notre société préserve-t-elle le climat et la biodiversité,

1. Afin d'éviter tout biais et garantir l'impartialité, l'établissement annuel des indicateurs, ou a minima la relecture, pourrait être confié à un tandem Cour des comptes/Conseil économique, social et environnemental, ces deux institutions étant indépendantes du gouvernement.

c'est-à-dire les deux biens communs naturels majeurs ? Nos patrimoines sociétaux (santé, connaissance, richesse économique, patrimoine) sont-ils croissants et équitablement partagés ? Notre pays commerce-t-il principalement avec des États partageant nos valeurs ?

Indicateurs généraux

- pourcentage de la population française vivant sous le seuil de pauvreté ;
- espérance de vie en bonne santé selon les catégories sociales ;
- taux de satisfaction des Français sur leur propre vie ;
- taux d'emploi[1].

Indicateurs associés à la préservation des biens communs

- empreinte carbone de la France et de l'Union européenne ;
- nombre d'espèces éteintes ou menacées d'extinction sur le continent ;
- indice de pollution et de disponibilité de l'eau ;
- taux d'artificialisation et de pollution des terres naturelles et agricoles ;
- pourcentage des enfants en bonne santé et part des enfants et adolescents obèses ;

1. Le taux d'emploi est une variante du taux de chômage, qui permet de mieux appréhender le rapport à l'emploi, car il prend en compte les personnes inactives et les retraités. Il mesure ainsi la part des personnes qui travaillent par rapport à l'ensemble du reste de la population majeure. Afin d'éviter tout biais, il pourrait être utile d'y inclure certaines activités non salariées comme le bénévolat ou la réalisation de biens et services à titre gratuit.

- classement PISA[1] reflétant la capacité des élèves à maîtriser les savoirs fondamentaux.

Indicateurs associés à la cohésion sociétale

- taux de réussite scolaire des enfants selon la catégorie sociale de leurs parents, y compris le taux d'accès aux plus hautes études supérieures;
- indice de GINI[2] de répartition des richesses avant et après redistribution fiscale;
- taux de confiance des Français dans leurs représentants élus;
- capacité des Français à s'informer convenablement et à traiter l'information.

Indicateurs associés à l'autonomie stratégique

- solde des échanges commerciaux avec les pays démocratiques d'une part et avec les pays autoritaires d'autre part;
- autonomie de l'Union européenne sur les chaînes industrielles et agroalimentaires critiques;
- fraction des brevets mondiaux déposés par l'Union européenne;
- nombre de monopoles ou d'oligopoles privés établis[3].

---

1. Le programme international pour le suivi des acquis des élèves (PISA) mesure les performances des systèmes éducatifs des principaux pays de l'OCDE.
2. L'indice de GINI rend compte de l'inégalité d'une variable – comme les revenus – au sein d'une population.
3. Google est par exemple un monopole privé établi comme moteur de recherche. Il existe également un oligopole Apple/Microsoft sur les systèmes d'exploitation des ordinateurs.

Les indicateurs généraux portent sur des grandeurs mesurant la vitalité du peuple français : santé, satisfaction personnelle, niveau de vie, accès à l'emploi. J'ai fait le choix de n'inclure ni le PIB ni le pouvoir d'achat, alors qu'ils sont pourtant des indicateurs phares de la vision du tournant du siècle. J'y place en revanche l'indicateur du taux d'emploi[1] considérant ainsi qu'avoir un travail est une condition d'épanouissement. Ces choix sont évidemment discutables.

Les indicateurs relatifs à la préservation des biens communs portent principalement sur l'état du stock de nos ressources naturelles : nombre d'espèces naturelles vivant sur le continent européen, quantité et qualité des sols et de l'eau douce, surface de terres agricoles et naturelles, impact sur le climat à travers la quantité de gaz à effet de serre émise chaque année. Épuiser un de ces stocks revient à mettre en péril notre société et à créer de l'irréversible : une espèce éteinte l'est irrévocablement et nos enfants et petits-enfants ne la côtoieront plus jamais. Un choix plus englobant d'indicateurs portant sur l'ensemble des neuf limites planétaires[2] pourrait faire sens plutôt que de se focaliser uniquement sur le climat, la biodiversité, l'état des sols et de l'eau

1. Le taux d'emploi est important à mes yeux, car il donne une bonne lecture de la capacité de notre société à pouvoir maintenir des prestations sociales – retraites comprises – dans la durée. S'il n'y a pas assez de personnes qui travaillent par rapport aux inactifs, il devient en effet très difficile de maintenir les niveaux de prestations sociales, sauf à creuser la dette publique.

2. Le concept de limites planétaires a été proposé en 2009 par le *Stockholm resilience center*. Elles sont au nombre de neuf : changement climatique, modification de l'usage des sols, pollution chimique, perturbation des cycles biochimiques de l'azote et du

douce. De fait, l'Humanité est en péril dès lors qu'au moins une des limites planétaires est durablement dépassée. Se concentrer sur quatre d'entre elles seulement, fussent-elles les plus connues, peut se discuter d'autant que six sont aujourd'hui considérées comme dépassées dont particulièrement celle relative au cycle biochimique du phosphore et de l'azote. Un indicateur agrégé regroupant ces neuf limites m'apparaît toutefois plus difficile à appréhender et donc moins susceptible de mobiliser.

Les indicateurs relatifs à la cohésion sociétale sont plus diversifiés. Je considère notamment que la cohésion nécessite une maîtrise des inégalités, qu'il s'agisse d'inégalités de richesse, d'éducation, de santé ou de réussite professionnelle (l'ascenseur social). Un deuxième bloc d'indicateurs mesure la vitalité de la citoyenneté, à travers le taux de confiance envers les élus. La cohésion sociétale étant une notion peu mesurée jusqu'à présent et en partie subjective, d'autres indicateurs pourraient naturellement être définis.

Les indicateurs relatifs à l'autonomie stratégique portent sur notre capacité à innover, notre maîtrise des chaînes industrielles et l'équilibre de notre solde commercial. Je fais le choix de ne pas faire figurer la mesure de la dette publique ; pourtant une dette publique excessive handicape lourdement l'autonomie stratégique puisqu'elle matérialise une dépendance aux prêteurs qui peut être délétère (la crise de la dette grecque durant la dernière décennie en est une bonne illustration). Il existe toutefois des nuances en matière de dettes : l'endettement public lié à des investissements de

---

phosphore, acidification des océans, aérosols atmosphériques, diminution de la couche d'ozone, utilisation de l'eau douce.

transition écologique ou au soutien économique lors d'une crise est par exemple considéré comme relativement sain. Il faudrait probablement privilégier un indicateur relatif au déficit public dit primaire, c'est-à-dire excluant les investissements et les redistributions, avec toutefois un risque de biais méthodologique important.

Beaucoup des indicateurs de ce tableau de bord existent et sont couramment utilisés. C'est le cas par exemple du pourcentage de Français vivant sous le seuil de pauvreté ou de l'espérance de vie en bonne santé. Je propose parfois certaines nuances comme distinguer, dans la mesure du solde commercial, les pays démocratiques des pays autoritaires, distinction essentielle en matière d'autonomie stratégique.

D'autres indicateurs proposés existent, mais ne sont utilisés que dans les milieux spécialisés : l'indice de GINI, qui mesure les inégalités de manière agrégée, est calculé chaque année dans les pays occidentaux ; il n'est que rarement repris dans le débat public, qui reste peu étayé en matière de répartition des richesses. Le classement PISA mesurant les savoirs fondamentaux des élèves commence à se démocratiser, mais le débat public sur cet indice ne dure généralement que quelques jours au moment de sa publication annuelle. Le calcul de l'empreinte carbone française et européenne est effectué tous les ans, mais il est largement éclipsé par l'indicateur imparfait des émissions de gaz à effet de serre du territoire national[1].

---

1. Cet indicateur est imparfait car il ne mesure pas le contenu carbone des produits importés. Pour baisser les émissions de CO_2 de la France, il suffit de délocaliser les usines émettrices. Ainsi, alors que les émissions de carbone de la France ont baissé

Enfin, parmi les indicateurs proposés certains sont nouveaux et peuvent sembler ésotériques. La mesure du nombre de monopoles et d'oligopoles privés peut surprendre, mais contenir leur nombre me paraît une composante forte de l'autonomie stratégique. La puissance des GAFAM devrait de fait nous alerter : l'économie numérique et les effets d'échelle associés sont propices à la constitution de monopoles et les théories économiques sont catégoriques sur les nuisances et les menaces qu'ils font peser *in fine* sur la société. Dans un autre registre, la part des enfants en bonne santé et la part des enfants en surpoids/obèses peuvent également surprendre. Pourtant, de nombreuses études démontrent le renforcement de la reproduction sociale en matière de santé : 12 % des enfants de moins de cinq ans sont en surpoids ou obèses, et la corrélation avec le niveau social des parents est majeure puisque la surcharge pondérale concerne 16 % des enfants d'ouvriers contre 7 % seulement des enfants de cadres[1]. En 2016, 3 % des enfants de cadres étaient obèses en troisième contre 9 % des enfants d'employés[2]. Nous ne pouvons pas, à mon sens, parler de cohésion sociétale tant que la santé de nos enfants est aussi largement déterminée par leur origine sociale.

---

d'un tiers depuis trente ans, l'empreinte carbone française n'a pas varié. Hélas, l'Union européenne s'est fixé des objectifs en baisse d'émission territoriale et non en empreinte carbone. De même, lors des COP annuelles sur le climat, les engagements des États sont exprimés en baisse d'émission territoriale.

1. Mathilde Gaini, Nathalie Guignon, Muriel Moisy, et al., « Les inégalités sociales de santé apparaissent avant la naissance et se creusent durant l'enfance », *insee.fr*, 3 décembre 2020.
2. *Ibid.*

Quelques indicateurs restent à créer en matière méthodologique. C'est particulièrement le cas de ceux portant sur la satisfaction des Français, sur la maîtrise européenne des chaînes industrielles et agroalimentaires et sur la capacité des Français à accéder et à s'informer convenablement. Ce dernier manque est symptomatique. À l'heure des *fake news* et de ChatGPT, presque la moitié des moins de 35 ans déclarent s'informer principalement sur les réseaux sociaux[1], dont le but, rappelons-le, n'est pas d'informer, mais de capter notre attention pour proposer de la publicité. Si la plupart des personnes interrogées déclarent de manière rassurante avoir une confiance limitée de l'information circulant sur les réseaux sociaux et privilégient qualitativement la télévision et les journaux, une corrélation existe entre le recours aux réseaux sociaux pour suivre l'actualité et la croyance dans une ou plusieurs théories du complot[2]. Or, il n'existe aujourd'hui à ma connaissance ni indicateur grand public mesurant la qualité de l'information auxquels accèdent les Français ni indicateur quantifiant la manière dont nous sommes capables de faire le tri dans la profusion d'opinions qui caractérise le XXIe siècle.

Valeurs, vision, objectifs et indicateurs : les contours du modèle sociétal du XXIe sont désormais posés.

1. Alexandra Patard, « Le numérique en France en 2020 », BDM, février 2020 ; « Les réseaux sociaux, première source d'info chez les 18-34 ans », BDM, février 2020.
2. Noémie Bonnin, « Les réseaux sociaux, première source d'info en ligne des personnes sensibles aux théories du complot », *francetvinfo.fr*, février 2019.

Dans les chapitres suivants, ce nouveau prisme est décliné sur certaines thématiques majeures : la santé, l'énergie et le climat, l'agriculture, l'industrie, la politique commerciale, l'information… Comme nous le verrons, à travers cette nouvelle clé de lecture, certaines mesures prises ou évoquées ces dernières années s'avèrent logiques et évidentes ; d'autres au contraire apparaissent comme inefficaces et contre-productives. Surtout, l'ampleur des transformations à venir se manifeste au grand jour : mieux-vivre ensemble au XXIe siècle n'a rien d'une évidence et n'adviendra pas spontanément ! La tâche est immense et j'ose croire qu'à rebours de l'anxiété véhiculée par les extrêmes, ce défi peut être source de motivation et de sens.

Notre santé, au cœur du nouveau modèle social

La santé a toujours occupé une place centrale dans le modèle social français. À bien des égards, l'hôpital public, la Sécurité sociale, la médecine générale conventionnée en sont des symboles forts. Nous avons tous en mémoire le carnet de santé de notre enfance, nous possédons tous une carte vitale, nous avons tous un jour ou l'autre appelé les pompiers ou le SAMU, nous nous sommes tous rendus aux urgences au moins une fois dans notre vie. Et nous n'avons rien payé !

Pendant des décennies la France fut citée en exemple en matière de santé. Notre espérance de vie était parmi les plus hautes du monde ; la médecine française était réputée et à la pointe scientifiquement ; l'art de vivre à la française était célébré. Ils le sont encore en grande partie aujourd'hui.

Cependant, depuis une vingtaine d'années, le modèle semble s'enrayer. L'hôpital public est éprouvé car en partie débordé, vieillissant et dépassé. Trouver rapidement un spécialiste devient difficile dans les déserts médicaux ou dans les hypercentres urbains saturés, ce qui obère la capacité à se soigner. L'épidémie de Covid-19 a révélé une dépendance industrielle à la source aujourd'hui de pénuries pour certains médicaments. Enfin, en matière de résultats, l'espérance de vie stagne[1], les maladies comportementales et environnementales explosent : obésité, diabète, myopie, allergies, asthme – 10 % environ des Français sont asthmatiques, 17 % sont obèses[2], 30 % souffrent d'au moins une allergie et 25 % des enfants sont myopes[3] (en Chine, faute de passer suffisamment de temps en extérieur, 80 % des enfants sont myopes, ce qui montre à quel point il s'agit d'une maladie comportementale). Peut-on considérer qu'une personne diabétique, obèse ou qui souffre d'allergies alimentaires sévères est pleinement en bonne santé ?

L'enrayement de notre modèle de soins n'est pas propre à la France et se retrouve dans la quasi-totalité des pays occidentaux. Dans chacun d'eux, nombre de médecins et de spécialistes en santé publique alertent sur une explosion à venir de malades chroniques dès la trentaine à cause des maladies comportementales et environnementales, et sur les conséquences en matière de baisse du bien-être et de la compétitivité de l'économie. La situation est préoccupante, mais loin d'être désespérée car nous disposons encore de nombreuses forces : notre Sécurité sociale fonctionne et a su se moderniser (carte vitale, téléconsultations, tiers payant) ; la médecine générale et d'urgence reste largement

---

1. « Espérance de vie : des progrès au ralenti », *observationsociete.fr*, 19 janvier 2023.
2. « Obésité et surpoids : près d'un Français sur deux concerné », *ameli.fr*, 2 mars 2023.
3. « Allergies. Un dérèglement du système immunitaire de plus en plus fréquent », *inserm.fr*, 30 mai 2017.

gratuite et efficace ; des progrès médicaux majeurs ont eu lieu ces dernières décennies (traitements contre le cancer, microchirurgie, traitements infectieux individualisés, etc.) et se poursuivent. L'empathie sociétale associée aux métiers du soin subsiste très largement. En matière d'industrie de santé, nous disposons de laboratoires de recherche de rang mondial. Nous parvenons enfin à poser des questions sociétales difficiles sur la fin de vie, l'avortement, les violences faites aux femmes. Beaucoup de pays n'ont pas cette chance : sans rentrer dans une comparaison inappropriée avec les pays émergents, il suffit de se rendre dans un pays anglo-saxon pour constater le coût exorbitant des soins. Pire, aux États-Unis l'espérance de vie baisse et le pays fait face à une vague d'*overdoses* aux opioïdes sans précédent.

Dans cette situation contrastée, le statu quo apparaît impossible. Que devons-nous changer pour remettre pleinement d'aplomb notre système de santé ? Comment renouer avec la fierté d'être une nation pionnière en matière de santé ?

Un diagnostic s'impose : notre système de santé a été embarqué dans le mythe de la fin de l'Histoire et de ses valeurs : individualisme, matérialisme, mondialisation.

Plus exactement, trois effets se sont conjugués : les effets liés à l'avènement de la société de consommation, qui se retrouvent dans tous les pays occidentaux ; les conséquences de la mondialisation particulièrement visibles en matière d'approvisionnement ; des sujets spécifiques au système de santé français.

Les développements de la sédentarité et de la malbouffe appartiennent à la première catégorie, tout comme la pollution de l'air et la dégradation de notre environnement (microplastiques, exposition au bruit, etc.)[1]. Il est possible d'y voir aussi la conséquence de la montée de l'individualisme : l'individu, proclamé maître de sa santé, s'est retrouvé seul face à des contradictions et à ses propres tentations, sans réel cadrage sociétal par l'État ou par d'autres communautés (religieuses, affinitaires...). Ce laisser-faire a conduit au développement de comportements néfastes pour la santé, principalement dans les couches sociales défavorisées. Nulle surprise car une telle dérive avait été observée depuis vingt ans aux États-Unis. Il a aussi conduit à favoriser une approche consumériste des soins, d'où par exemple le recours excessif aux services d'urgences dans des situations qui ne le méritent pas. La consommation massive de psychotropes, pour laquelle la France figure sur le podium européen[2], et la faiblesse du débat public sur ce sujet, accréditent également une vision consumériste de la santé. Le retard pris en matière de prescription d'activités physiques adaptées au lieu de médicaments pour traiter certaines affections courantes

---

1. Dans son livre *Sapiens*, Yuval Noah Harari décrit en quoi l'obésité est une double victoire pour le consumérisme, mais une défaite pour notre bien-être : « Chaque année la population américaine dépense plus d'argent en régime qu'il n'en faudrait pour nourrir tous les gens qui ont faim dans le reste du monde. L'obésité est une double victoire pour le consumérisme : au lieu de manger peu, ce qui provoquerait une récession économique, les gens mangent trop puis achètent des produits diététiques – contribuant ainsi doublement à la croissance économique. »
2. François Beck, Romain Guinard, Claudie Haxaire, Philippe Le Moigne, « Les consommations de médicaments en France », Santé publique France, *La santé en action*, n° 427, mars 2014.

– bronchiolite, diabète, dépression légère – est également symptomatique, tout comme le fait que contrairement aux médicaments, les activités physiques adaptées ne sont qu'exceptionnellement prises en charge par l'assurance maladie malgré une efficacité démontrée. Plus conceptuel enfin, le récent renforcement du mouvement antivax, y compris pour des maladies où la vaccination prédomine depuis plusieurs décennies, peut être relié à une approche individualiste : chaque personne aurait le droit de choisir et pourrait refuser la vaccination au mépris de l'intérêt collectif.

Notre dépendance en matière de fabrication de médicaments relève des effets directs de la mondialisation. Nos dirigeants, consciemment ou non, ont laissé les chaînes industrielles de fabrication de médicaments s'internationaliser. Sous l'effet de la compétition schumpétérienne, les laboratoires ont adopté des stratégies mondiales qui ont été plutôt bénéfiques pour la recherche française et européenne, mais qui ont conduit à délocaliser la fabrication des médicaments dans les pays à bas coûts. Comme beaucoup d'autres secteurs, l'industrie de santé française s'est spécialisée sur les activités à haute valeur ajoutée avec comme contrepartie la délocalisation de la fabrication qui conduit aujourd'hui à des pénuries de médicaments courants comme le paracétamol.

Enfin, la spécificité du système de santé français a généré certains dysfonctionnements.

La liberté d'implantation médicale est ainsi une des origines du déséquilibre géographique entre la demande et l'offre de soins, point de départ des déserts médicaux dont il est important de rappeler qu'ils correspondent à des situations variées. Le *numerus clausus*[1] dans les professions de santé a également accentué ce déséquilibre en restreignant artificiellement l'offre. La rigueur budgétaire de la décennie 2010, sans jugement ici sur sa pertinence, a érodé le modèle de l'hôpital public : détérioration des conditions de travail des soignants et crise de vocation, bureaucratie et gestion budgétaire des soins, vétusté et saturation des hôpitaux. Ces trois facteurs propres au système français sont survenus alors que le vieillissement de la population accentue la demande de soins, d'où le déficit de capacité d'accueil à l'hôpital et dans les établissements pour personnes âgées. À ce titre, le récent scandale concernant l'entreprise Orpea ne saurait relever uniquement d'une pure dérive capitaliste, mais mérite d'être remis dans le contexte plus général de cette vision budgétaire de l'offre de soins et du déficit de prévention.

Dans ce tableau déclinant, tout n'est bien sûr pas noir. Notre pays possède encore un système de santé robuste et envié. De plus, une prise de conscience a eu lieu depuis quelques années, dont nous pouvons collectivement nous réjouir. De manière encourageante, la santé constitue un secteur où le changement de vision est à portée de main et où le chemin vers le mieux-vivre ensemble est engagé !

Tout d'abord, l'épidémie de Covid-19 a confirmé des acquis essentiels : une empathie forte pour les métiers du

1. Le *numerus clausus* consiste à limiter le nombre d'étudiants pouvant accéder aux dernières années d'études d'un diplôme de santé et donc *in fine*, le nombre de nouveaux praticiens. Il a été levé pour les médecins, mais s'applique encore pour certaines professions de santé comme les infirmiers.

soin (cf. les applaudissements chaque soir lors du premier confinement), des infrastructures en nombre, des compétences, une Sécurité sociale qui fonctionne et la capacité des pouvoirs publics à imposer des comportements individuels au bénéfice de tous (confinement, port du masque, télétravail...). Nos fondamentaux sont solides.

Un réinvestissement dans les infrastructures de santé a débuté ainsi qu'une revalorisation des métiers du soin (infirmiers, brancardiers, aides-soignants) et un début de reconnaissance des aidants[1]. Le *numerus clausus* pour les médecins a été levé et les incitations pour s'implanter dans les déserts médicaux ont été renforcées. Des mesures ont été prises pour améliorer l'articulation entre la médecine de ville et l'hôpital ainsi que pour faciliter les consultations médicales d'urgence. Des premières campagnes de sensibilisation grand public ont eu lieu pour ne pas engorger le SAMU et les urgences avec des problèmes mineurs. La question de la dépendance et du grand âge est clairement sur la table et ne pourra plus être éludée.

À de multiples égards, la puissance publique se donne les moyens d'agir pour renforcer l'offre de soins. Les gouvernements récents parlent de refondation de notre système de santé. Pour être exact, il s'agit d'une refondation de notre politique de santé, car au-delà d'améliorer le système de soins, il est impératif de changer de paradigme en matière de prévention : organiser la vie économique et sociale dans

1. Les aidants désignent les personnes qui viennent en aide à une personne en perte d'autonomie, en situation de handicap ou atteinte d'une maladie longue. Il s'agit principalement de membres du cercle familial, de voisins ou d'amis.

son ensemble pour qu'elle soit plus favorable à notre santé. Cohésion sociétale et mieux-vivre ensemble supposent en effet que notre environnement et nos modes de vie quotidiens soient bénéfiques pour notre santé et promeuvent implicitement une hygiène de vie saine.

Là réside l'évolution majeure de notre politique de santé restant encore à mettre en œuvre.

Les statistiques le rappellent en effet douloureusement : la santé d'un individu dépend trop largement de son milieu social, et ce dès l'enfance[1]. Le surpoids et l'obésité gagnent encore du terrain – un Français adulte sur deux est en surpoids et presque un Français sur cinq est obèse, soit un doublement en trente ans[2] –, un Français sur cinq est affecté par un trouble psychologique et la France figure parmi les pays d'Europe où le taux de suicide est le plus élevé[3], les maladies environnementales sont en augmentation constante depuis trente ans au point par exemple qu'un enfant français sur dix est aujourd'hui asthmatique[4]. Toutes ces sources de mal-être sont liées directement à nos modes de vie et nos comportements, et donc à la manière dont notre quotidien est façonné par la société. Si nous ne

---

1. Mathilde Gaini, Nathalie Guignon, Muriel Moisy, et al., « Les inégalités sociales de santé apparaissent avant la naissance et se creusent durant l'enfance », 3 décembre 2020, *op. cit.*
2. « Surpoids et obésité, l'autre pandémie », rapport d'information n° 744 (2021-2022), *senat.fr*.
3. « Santé mentale et psychiatrie : répondre à la forte demande de soins des Français », *viepublique.fr*, 10 octobre 2021.
4. Courteau Roland, « Forte augmentation de l'asthme allergique », Question écrite n° 18806 au ministre du Travail, de l'Emploi et de la Santé, *senat.fr*, 2 juin 2011.

rendons pas notre quotidien plus bienveillant envers notre santé, aucun de ces facteurs n'a de raison spontanée d'évoluer favorablement. Si nous n'agissons pas, notre santé dans vingt ans risque de ressembler à celle des États-Unis aujourd'hui : une espérance de vie en baisse et désormais inférieure à celle de la Chine[1], conjuguée avec un écart d'espérance de vie de dix ans selon le milieu social[2] ! Un Américain sur vingt-cinq qui naît aujourd'hui mourra avant 40 ans[3] ! Nous n'en sommes heureusement pas encore là et, signe encourageant, l'espérance de vie sans invalidité augmente légèrement en France depuis la pandémie[4].

Le capital principal d'une société est et sera toujours son capital humain. À quoi servent le plein-emploi et une croissance économique à deux chiffres quand l'espérance de vie en bonne santé recule ? Une société peut-elle être considérée comme prospère si l'espérance de vie de sa population décroît ?

Ces questions presque philosophiques sont essentielles. Elles peuvent se décliner immédiatement en interrogations sur notre quotidien : alors que plus d'un enfant français

---

1. Claudia Borzelli-Cadieux, « L'alarmant déclin de l'espérance de vie aux États-Unis », *perspective.usherbrooke.ca*, 11 avril 2023.
2. Pierre Cochez, « L'espérance de vie est liée aux revenus aux États-Unis », *la-croix.com*, 12 avril 2016.
3. Arnaud Leparmentier, « Pourquoi les Américains meurent de plus en plus jeunes », *lemonde.fr*, 18 avril 2023.
4. « Espérance de vie : des progrès au ralenti », *observationsociete.fr*, 19 janvier 2023, et Thomas Deroyon, « L'espérance de vie sans incapacité à 65 ans est de 12,6 ans pour les femmes et 11,3 ans pour les hommes, en 2021 », études et résultats n° 1258, *drees.solidarites-sante.gouv.fr*, 23 février 2023.

sur trois est myope, pourquoi aucune mesure forte n'est prise pour réduire l'exposition aux écrans et accroître le temps passé par les enfants en extérieur ? Pourquoi y a-t-il autant de publicités pour des produits alimentaires dans une société où un tiers des adultes est en surpoids et un quart est obèse ? Est-il logique qu'en parallèle la puissance publique doive financer des campagnes « manger, bouger » ou « manger cinq fruits et légumes par jour » ?

En adoptant le prisme de lecture de l'âge de raison et le mieux-vivre comme but de notre société, ces constats appellent des mesures immédiates.

Ainsi en va-t-il de l'étiquetage nutritionnel obligatoire. Depuis 2017, les pouvoirs publics ont défini un label nutritionnel, appelé le Nutri-Score, mais il reste facultatif et n'est affiché que sur un tiers des produits alimentaires. De nombreuses pressions des industriels de l'agroalimentaire ainsi que la volonté de la Commission européenne d'avoir un marché intérieur homogène (et donc sans étiquetages nationaux) ont jusqu'à présent entravé sa généralisation, tandis que de nombreux labels volontaires et autopromotionnels ont été développés par des acteurs de l'agroalimentaire pour « diluer » le Nutri-Score. Ce fouillis, en phase avec les valeurs de consumérisme et d'individualisme, n'a plus sa place dans la société du mieux-vivre ensemble. Il est tout à fait possible et urgent de planifier sa suppression au profit d'un label nutritionnel obligatoire et impulsé par la puissance publique.

La détection précoce du surpoids chez les enfants et un suivi actif des mesures nutritionnelles et sportives prescrites par le médecin scolaire apparaissent également pertinents à l'âge de raison. Il s'agit d'ailleurs aussi d'une évidence budgétaire car le coût pour la Sécurité sociale du traitement de maladies longues liées à l'obésité et la sédentarité sont sans commune mesure avec celui d'un suivi nutritif pendant quelques années et l'investissement dans des infrastructures sportives.

De manière générale, le renforcement des mesures de prévention constitue une clé de voûte du progrès en matière de santé. La mise en place de bilans de santé remboursés par l'assurance maladie à 20-25 ans, 45-50 ans et 60-65 ans constitue indéniablement un progrès, tout comme la possibilité d'en réaliser un gratuitement pour les jeunes éloignés du système de santé. Les campagnes de dépistage et de vaccination contre certaines maladies (papillomavirus, cancer du col de l'utérus, cancer colorectal) ainsi que les visites gratuites chez le dentiste pour les jeunes enfants abondent dans le même sens. Facultatifs, ils méritaient d'être promus davantage de manière à accroître l'adhésion et le taux de recours des Français.

Dans les trois cas, ces mesures impliquent de mettre fin aux habitudes de laisser-faire où la société n'impose rien à l'individu. Là réside sans doute le véritable défi : réimposer des formes de « devoirs » en plus des « droits », c'est-à-dire renforcer le citoyen au sein du triptyque consommateur-travailleur-citoyen. Aujourd'hui, l'approche reste principalement incitative – les bilans de santé sont facultatifs, il n'y a pas d'obligation de suivre les recommandations des médecins – à l'exception de la vaccination où l'immunité collective nécessite qu'une large majorité de la population soit vaccinée. Incitation ne signifie toutefois pas absence de pression sociale. Le simple fait de recevoir un courrier d'invitation à un dépistage gratuit force par exemple chacun à choisir et donc à se responsabiliser, puis à devoir assumer sa décision avec ses proches si la question est soulevée au cours d'une conversation. Certains critiqueront sans doute un tel renforcement comme imposant une norme sociale sur notre hygiène de vie et mettront en avant le risque de stigmatiser ceux qui s'éloigneraient de cette norme. L'accompagnement et la pédagogie devront donc être à la hauteur pour éviter cet écueil. Le succès du congé parental montre que nous sommes capables de modifier rapidement nos référentiels culturels et nos comportements. La vaccination contre le Covid-19 fut également un succès, et quand bien même la contestation virulente d'une minorité très difficile à convaincre fut notoire, cette résistance minoritaire ne doit pas éclipser la mobilisation collective réussie. Surtout, il est essentiel de garder à l'esprit l'iniquité actuelle : les pauvres, les moins éduqués et leurs enfants souffrent beaucoup plus de maladies comportementales et environnementales. Le laisser-faire revient à accroître les inégalités de destin et à approuver le principe d'une santé à plusieurs vitesses.

Atteindre l'objectif de mieux-vivre ensemble en matière de santé ne se résume naturellement pas à ces deux mesures. L'éventail est bien plus vaste, et il n'est pas possible dans cet ouvrage de le couvrir en intégralité. Parmi les mesures évoquées dans divers *think tanks* figurent notamment l'instauration de quotas de production en Europe pour les médicaments courants ; l'accroissement de la recherche et développement sur les maladies allergiques courantes afin de mieux cerner leurs origines et les moyens d'action ; le renforcement de la détection des troubles psychologiques légers (dépression, éco-anxiété, etc.) et la révision de la politique de prise en charge pour réduire la prescription d'antidépresseurs et de somnifères ; la réalisation d'un bilan nutritionnel gratuit tous les dix ans ; la mise en place d'un bonus-malus sur les produits gras et sucrés comme le recommande la Cour des comptes[1].

Dans les paragraphes qui suivent, je mets plus particulièrement en lumière deux axes de transformation essentiels et dont l'impact sur notre quotidien sera particulièrement visible.

En premier lieu, la place de l'activité physique au sein du monde du travail mérite d'être repensée. Si je me réjouis de l'usage croissant du vélo pour se rendre au travail, notamment par les cadres, la place de l'activité physique dans le milieu professionnel reste largement perfectible. Plutôt que de débattre du retour aux 35 heures, sujet qui revient régulièrement dans les débats politiques, pourquoi ne pas discuter de la possibilité pour tout salarié de disposer d'un abonnement à tarif réduit à une activité sportive et de s'y rendre sur certaines plages horaires de travail ? Quid d'examiner la prise en charge, par la Sécurité sociale et l'employeur, d'heures d'activités sportives pour les jeunes parents, compte tenu du fait que l'arrivée des enfants dans un couple est le principal facteur d'arrêt de l'activité physique[2] ? Ou encore de permettre au médecin du travail de prescrire des heures d'activités physiques hebdomadaires

1. Capucine Grégoire et Pierre Prady, « La fiscalité nutritionnelle », Les notes du CPO n° 5, juillet 2023.
2. Fanny Simões, « Pratiques sportives : une hausse portée par les femmes et les seniors », Collection INJEP, n° 15, *injep.fr*, 2 juillet 2018.

comme il peut ordonner l'adaptation du poste de travail? Dans une société largement tertiaire, une grande partie des travailleurs sont en effet immobiles au travail, soit devant leur ordinateur, soit dans un travail posté, contribuant à la sédentarité et aux maladies induites qui viendront *in fine* réduire la productivité de l'entreprise. Il existe également un consensus scientifique large sur les bienfaits de l'activité physique en matière de créativité, de résistance au stress, de réduction de l'absentéisme et de capacité à travailler en équipe; quatre facteurs d'importance croissante dans le monde professionnel.

Selon le prisme de valeurs de l'âge de raison, il devient parallèlement évident que la puissance publique doit agir pour enrayer l'augmentation continue du temps passé devant les écrans, autre vecteur majeur de sédentarité (ainsi que d'autres éléments néfastes à la cohésion sociétale, comme l'isolement d'une partie des jeunes[1] et la tyrannie de l'instantanéité décrits dans le chapitre sur le numérique). La Chine restreint la durée d'accès aux réseaux sociaux pour les enfants et adolescents, y compris TikTok. Nous, pays occidentaux, n'avons à ce jour pris aucune mesure alors que le temps passé par les jeunes sur les réseaux sociaux est en croissance continue[2] – 50 % des enfants et 70 % des adolescents français déclarent passer plus de trois heures par jour devant un

1. Les dernières études d'opinion montrent qu'une grande partie des jeunes, pourtant hyperactifs sur les réseaux sociaux, se sentent seuls, signe que le temps d'écran n'est pas synonyme de socialisation accrue.

2. « Étude de santé sur l'environnement, la biosurveillance, l'activité physique et la nutrition », *santepubliquefrance.fr*, février 2020.

écran – et qu'il entraîne directement une baisse de l'activité physique durant l'enfance et l'adolescence, particulièrement préjudiciable à leur santé[1]. Ce débat sur la sédentarité et le temps passé devant les écrans s'impose. Il est positif qu'une commission d'experts mise en place par le président de la République ait formulé comme recommandation de limiter drastiquement l'accès des écrans aux enfants et l'accès aux réseaux sociaux par les jeunes adolescents[2]. Nul doute qu'elle devra être suivie d'un débat plus populaire qui sera difficile et qui pourra être caricaturé en une tentative de restreindre certaines libertés individuelles fondamentales, voire d'entraver la liberté d'information. Sans nier ce risque, je considère que la véritable liberté individuelle ne consiste pas à laisser se développer une forme d'addiction aux écrans ni à céder à notre propension naturelle à la fainéantise. L'inaction actuelle aura un impact néfaste bien plus considérable sur le potentiel et le bien-être de milliers d'enfants et d'adolescents que le risque hypothétique qu'une action trop volontariste entrave la liberté d'information. Il ne s'agit pas non plus de rejeter le numérique dans son ensemble, ni la modernité. Au contraire, l'innovation, y compris digitale, représente un levier important pour appuyer la politique de

1. Il est notable que le temps d'activité physique à l'école n'a pas baissé, voire a légèrement augmenté. Le problème de l'inactivité provient donc bien d'un déficit croissant d'activité hors du temps scolaire, et ce déficit est largement expliqué par le temps passé devant un écran.

2. « Rapport : enfants et écrans, à la recherche du temps perdu », avril 2024, commission présidée par Servane Mouton. Le lien du rapport est : <https://www.elysee.fr/admin/upload/default/0001/16/fbec6abe9d9cc1bff3043d87b9f7951e62779b09.pdf>

prévention à la fois pour personnaliser l'approche, mais aussi pour diagnostiquer et orienter plus facilement les personnes vers des structures d'aides. Plus philosophiquement, en tant que citoyen (au sens d'acteur de la vie de la cité), nous nous devons de garder le contrôle sur les moyens numériques et la manière dont ils influencent notre mode de vie, l'éducation de nos enfants, l'acquisition des savoirs, notre accès à l'information. L'espace numérique constitue en effet un espace de vie au même titre qu'un lieu public, il revient donc à la puissance publique de définir les limites de certains usages, tout comme elle le fait dans le monde réel. À défaut, l'espace numérique sera organisé pour maximiser l'usage immédiat par le consommateur, quand bien même cet usage s'avérerait néfaste à la collectivité et au consommateur lui-même à long terme, le numérique ayant cette spécificité que l'usager est souvent le produit vendu (selon l'adage « si c'est gratuit, c'est toi le produit », une application gratuite fait souvent de l'usager le produit vendu à des publicitaires).

De telles transformations de notre politique de santé sont-elles réalistes ? Comment ne pas être pris de vertige devant l'ampleur de la tâche ? Optimiste, je constate que le terreau est favorable ! Être en bonne forme est devenu un marqueur social ; sédentarité et temps passé devant les écrans commencent à être pointés du doigt dans le débat public ; de manière générale la prévention se fait petit à petit une place dans le système de soins. Dès lors que ces transformations sont intégrées à une vision d'ensemble cohérente, la conduite du changement apparaît possible. À rebours du déclinisme actuel, je n'ai nul doute que nos enfants vivront mieux que nous ! Il n'appartient qu'à nous de le faire advenir.

L'énergie, pièce maîtresse de l'autonomie stratégique et de la préservation du climat

L'énergie est au cœur de notre société ; elle constitue un élément indispensable à l'activité économique et à nos vies au même titre que l'eau. D'un strict point de vue physique en effet, l'ensemble des activités humaines se résume en un déplacement incessant de matières qui nécessite de l'énergie. Tous les produits que nous consommons chaque jour contiennent de multiples matériaux qu'il a fallu extraire, mélanger, transformer, puis transporter jusque chez nous. Chacune de ces étapes consomme de l'énergie pour déplacer la matière et la transformer. L'utilisation de ces objets requiert ensuite souvent également de l'énergie, tout comme la gestion de leur recyclage ou leur mise en décharge, c'est-à-dire leur dépôt dans un endroit dont ils ne bougeront plus (sauf fuite générant ce qui est appelé une pollution). Nos smartphones constituent d'excellents exemples : ils comprennent des dizaines de matériaux différents, qu'il a fallu extraire d'un peu partout dans le monde, transformer, assembler – très probablement en Chine – puis transporter jusque dans les magasins européens afin que nous puissions les acheter et les mettre dans nos poches. Ils ne fonctionnent qu'à condition d'être rechargés en électricité régulièrement ;

lorsque nous les utilisons, nous mobilisons des data centers, des câbles électriques sous-marins et d'autres équipements électriques qu'il a fallu fabriquer, déplacer, installer, etc. En fin de vie, une partie du smartphone sera reconditionnée, une autre partie sera recyclée, sans doute moyennant un transport en Asie du Sud, et le reste finira en décharge ; dans les trois cas, il faudra de l'énergie pour les transporter.

Nos propres vies aussi peuvent se résumer à un mouvement de matière : nous sommes des masses d'environ 80 kg qui bougent et qui déplacent d'autres choses tout au long de la journée, ce qui nécessite de l'énergie. Un trajet en voiture consiste par exemple à mettre en mouvement une tonne environ de métal et de plastique en même temps que nous-mêmes et nos éventuels passagers. Lorsque nous mourrons, la matière qui nous constitue sera enterrée ou incinérée.

Pour utiliser une analogie parlante, si l'ensemble de l'économie mondiale était un corps humain, l'énergie serait l'équivalent de l'oxygène : indispensable à notre survie, l'oxygène doit être amené en permanence à nos organes via le réseau sanguin ; toute carence est rapidement pénalisante puis fatale. Les réseaux d'électricité, de gaz, les puits de pétrole, raffineries et camions-citernes constituent le « réseau sanguin » de nos économies. Une grève bloque les raffineries ou les dépôts pétroliers : en quelques jours la société se paralyse, l'économie ralentit puis s'arrête ; un incident dans nos centrales nucléaires, comme nous l'avons connu en France avec la corrosion sous contrainte en 2022 : la facture se paie en dizaines de milliards d'euros, soit plusieurs centaines d'euros par Français ! Un blocus géopolitique gèle les exports d'acier et de cuivre en provenance d'Asie : l'Europe se retrouve en quelques mois dans l'incapacité d'entretenir ses infrastructures énergétiques, entraînant progressivement des défaillances puis l'asphyxie de l'économie.

L'énergie est donc évidemment un bien essentiel : les milliards d'êtres humains sur terre n'ayant pas ou peu accès à l'électricité, au chauffage ou au transport en sont le témoignage vivant. Ne pas avoir un accès suffisant à l'énergie condamne à la grande pauvreté.

Sa consommation constitue également la source principale du changement climatique : 75 % des émissions de gaz à effet de serre mondiales proviennent de la combustion d'énergies fossiles (charbon, pétrole, gaz) pour transporter et transformer les innombrables produits que nous consommons et pour nous transporter nous-mêmes[1].

Il est donc impératif que la politique énergétique soit en phase avec les valeurs et la vision de notre société. Dans le cas contraire, pour reprendre l'analogie du corps humain, nous apporterions un gaz toxique à nos organes économiques !

Ce constat posé, une question brûle les lèvres : la politique énergétique actuelle va-t-elle dans le sens de la cohésion sociétale, de la préservation des biens communs et de l'autonomie stratégique ?

Au risque de surprendre, la réponse est clairement oui !

L'énergie me semble être le secteur où le changement de paradigme vers l'âge de raison est le plus engagé. Ne crions pas victoire trop vite toutefois : nous partions

---

1. Les 25 % des émissions restantes sont issues des émissions naturelles de méthane et de gaz carbonique, comme celles issues des marais ou de la digestion des bovins.

de loin, le chemin est encore long et le temps presse ! Le changement climatique induit par nos émissions de gaz à effet de serre est une menace chaque jour plus réelle. La précarité énergétique stagne et concerne environ 10 à 20 % des Français selon la définition retenue[1], ce qui est considérable.

Le changement de paradigme a commencé par le protocole de Kyoto en 1992 et s'est amplifié au tournant des années 2010. Il se matérialise symboliquement par l'accord de Paris de 2015 et concrètement par des paquets successifs de directives européennes « énergie-climat » à partir de 2012, renforcées récemment par le Green Deal européen et les directives *Fit for 55* et *Net Zero Industry Act* respectivement consécutifs à la pandémie de Covid-19 et à la guerre en Ukraine. En France, des lois relatives au climat et à l'énergie se succèdent tous les deux ans environ depuis le Grenelle de l'environnement en 2008.

Fait notable, ce changement de paradigme s'est engagé principalement au nom de la lutte contre le changement climatique, c'est-à-dire de l'analyse de faits scientifiques concluant à l'impératif d'une transformation de notre système énergétique afin de préserver un bien commun naturel. Dans une moindre mesure, il a aussi démarré à la suite de l'analyse d'experts scientifiques laissant entendre que les réserves bon marché de pétrole et de gaz pourraient rapidement décroître et engendrer une pénurie aux effets dramatiques sur nos sociétés (théorie dite du *peak oil* et désormais du plateau de production). Cette interaction

1. « La précarité énergétique suivie par l'ONPE au sein de l'ADEME », *expertises.ademe.fr*.

positive entre science et transformation sociétale mérite d'être saluée, d'autant plus qu'il reste des poches de résistances climatosceptiques. En contrepoint, jusqu'à la pandémie de Covid-19, la réduction de notre dépendance aux pays autoritaires producteurs de pétrole et de gaz n'était pas un argument entendu par les dirigeants politiques. La volonté de préserver un bien commun – le climat – a donc amorcé le changement de politique énergétique et ce n'est que plus récemment que la recherche d'autonomie stratégique et la cohésion sociétale à travers l'éradication de la précarité se sont greffées comme argument soutenant cette transition.

Le chemin parcouru… et les étapes restant à franchir

Le discours de Belfort[1], prononcé en 2022 par le président de la République, synthétise le nouveau modèle énergétique et ses priorités: sobriété, énergies renouvelables, nucléaire et électrification des usages. Ces quatre piliers, largement consensuels, doivent nous permettre de réduire considérablement nos émissions de gaz à effet de serre, mettre fin à notre dépendance stratégique envers les pays producteurs de gaz et de pétrole (Arabie saoudite, Émirats arabes unis, Russie, Algérie, gaz de schiste américain…) et éradiquer la précarité énergétique. Pour montrer l'ampleur de notre dépendance énergétique, rappelons que le déficit commercial de la France en matière d'énergie est

1. Discours du président de la République française, « Reprendre en main notre destin énergétique », Belfort, *gouvernement.fr*, 10 février 2022.

de l'ordre de 30 à 40 milliards d'euros par an, soit environ 500 euros par Français ; il provient directement de nos importations de pétrole et de gaz et il a doublé en 2022 avec la crise énergétique ! Aucun autre secteur économique n'engendre un tel déficit ni une telle dépendance[1].

Le paradigme énergétique énoncé dans le discours de Belfort est de toute évidence en phase avec les valeurs et la vision de notre nouveau modèle de société : il renforce assurément l'autonomie stratégique ; il permet la préservation du climat (bien commun majeur) et à titre subsidiaire participe à l'amélioration de la qualité de l'air ; il contribue à la cohésion sociétale en empêchant qu'une poussée des prix mondiaux du gaz ou du pétrole ne mette à genoux les classes moyennes (cf. l'épisode des Gilets jaunes et plus récemment le bouclier énergétique).

Si vertueux qu'il soit, ce modèle énergétique n'est pas acquis : les forces de résistances et les obstacles sont nombreux. Avant de les décrire, il me semble utile d'analyser le passé récent pour comprendre comment nous avons collectivement abouti à une telle dépendance et un tel déficit

1. L'extraction, le raffinage et la transformation des terres rares et métaux dits « critiques » représente un autre secteur de dépendance européenne forte, toutefois d'un ordre de grandeur plus faible en valeur. La domination des géants américains du numérique sur certains marchés (moteur de recherche, réseaux sociaux, système d'exploitation…) génère aussi un déficit commercial et une accoutumance pouvant s'apparenter à une dépendance, cependant moins monolithique et atténuée par la création d'emplois sur le territoire européen de la part des géants du numérique et la capacité d'une myriade d'entreprises européennes à générer des services numériques articulés avec eux.

commercial, puis déterminer l'ampleur des transformations à mener et les défis à surmonter en matière de conduite du changement.

À bien des égards, le secteur de l'énergie n'a pas été épargné par la mondialisation, l'individualisme et le matérialisme caractéristiques du tournant du siècle : de 1970 à 2000, notre société a « volontairement » considérablement accru sa dépendance aux importations de charbon, de pétrole et de gaz et a accepté la délocalisation d'une partie de la chaîne industrielle associée. Certaines raffineries françaises ont ainsi fermé par manque de compétitivité vis-à-vis de celles construites par les pays du Golfe soucieux d'exporter des produits raffinés et non du pétrole brut de moindre valeur. Durant ces décennies, l'opinion publique n'a globalement rien eu à redire sur la dépendance économique en train de se créer avec des pays autoritaires et non respectueux des droits humains, qui plus est organisés en cartel (l'OPEP). La mondialisation fut uniquement considérée sous l'angle de la baisse des coûts, du gain à court terme pour les consommateurs et de l'impératif de compétitivité industrielle. Seule exception propre à la France, le nucléaire est resté perçu comme une source d'autonomie et un facteur de compétitivité et s'est donc largement développé. Ainsi, tous les pays d'Europe ont progressivement accepté de dépendre d'un cartel de pays autoritaires pour se déplacer et se chauffer ; deux biens clairement essentiels. Pourquoi ? Comme tout problème complexe, les facteurs sont multiples, mais deux me paraissent ressortir nettement. D'une part, durant cette période, l'oncle Sam avait les moyens géopolitiques pour influencer ce cartel et maintenir des prix relativement bas ; d'autre part, ce mouvement profitait au consumérisme occidental, ces énergies fossiles étant les moins chères. Ce modèle carboné a permis indirectement l'essor de la voiture individuelle, le mythe de la maison individuelle et l'étalement urbain qui va avec. Les chocs pétroliers ont montré que cette dépendance n'est évidemment pas sans risque et plus récemment, le mouvement des Gilets jaunes[1] puis la crise énergétique de 2022 ont rappelé l'effet potentiellement dévastateur d'une hausse soudaine des prix des énergies fossiles.

Dans une société où l'individualisme et le consumérisme étaient des valeurs cardinales et où le pétrole et le gaz demeuraient les énergies les moins chères, les équilibres microéconomiques et macroéconomiques expliquent la passivité collective : il était rationnel, tant pour les individus que les dirigeants, de se chauffer au gaz ou au fioul et de se déplacer en voiture diesel. Alors que la dépendance s'amplifiait, le principal sujet qui anima les débats publics dans les années 1990 fut l'ouverture à la concurrence de la fourniture d'électricité et de gaz pour mettre fin aux monopoles d'EDF et de GDF. Il est facile d'y voir un symbole de la concurrence par les coûts au profit du consommateur. Je ne remets pas en cause ici cette ouverture à la concurrence ; tout monopole non naturel mérite d'être interrogé et brisé. Mais cette focalisation de l'attention des décideurs

1. Il est essentiel de noter que les Gilets jaunes étaient principalement des habitants des zones pavillonnaires situées à 20-40 kilomètres des centres urbains, entièrement dépendants des trajets en voiture pour se rendre au travail et réaliser toute activité de loisir. Le symbole de bloquer les ronds-points est particulièrement représentatif.

politiques apparaît comme un symptôme du prisme de lecture de l'époque qui a contribué à occulter des enjeux plus importants.

La décennie 2000 a entamé une transformation de la doctrine énergétique, en grande partie à cause de la montée inexorable de la thématique du changement climatique. Le début du déploiement de l'éolien et du solaire date en France de cette époque, mais il est utile de se rappeler qu'une partie importante de l'effort climatique consistait alors à remplacer du charbon et du pétrole par du gaz « naturel », alors très bon marché, en provenance de Russie, d'Asie centrale et du Moyen-Orient (et dorénavant des États-Unis). La recherche d'une énergie la moins chère possible permettant de maximiser le consumérisme prédominait et, à la décharge des dirigeants de l'époque, les énergies renouvelables étaient encore chères et peu industrialisées. Enfin, si la précarité énergétique était un sujet de débat au début des années 2000, les projections de baisse de consommation escomptées étaient indéniablement plus faibles qu'aujourd'hui : la sobriété semblait avoir une place relativement marginale.

Le discours de Belfort matérialise un nouveau paradigme énergétique substantiellement différent du précédent. La société européenne doit maîtriser à nouveau l'ensemble de la chaîne industrielle de l'énergie, doit être parcimonieuse sur les usages et doit satisfaire ses besoins grâce à de l'énergie décarbonée. Sa priorité est de se débarrasser des énergies fossiles, sans créer une nouvelle dépendance géopolitique sur les matériaux critiques présents dans les batteries, les éoliennes et les panneaux solaires. Incontestablement, la préséance donnée aux valeurs d'autonomie stratégique et de préservation des biens communs constitue un progrès, un cap. Toutefois, sa mise en œuvre n'est pas acquise, car ce nouveau paradigme est largement l'opposé du précédent et la conduite du changement sera décisive.

Les résistances à vaincre

Sans prétendre à l'exhaustivité, je perçois trois foyers de résistance principaux dans le débat public actuel sur l'énergie.

Concernant tout d'abord la relocalisation de la production énergétique, des problèmes d'acceptabilité par les riverains ainsi que de nombreux tourments administratifs restent à surmonter. Qu'il s'agisse de la construction de nouveaux réacteurs nucléaires, de parcs éoliens, de fermes solaires, de méthaniseurs, de chauffage urbain ou de mines de lithium destinées aux batteries de nos voitures, beaucoup de projets font face à des difficultés d'acceptabilité par la population, qui n'est plus habituée à avoir des infrastructures de production d'énergie proches de chez elle. Cette contestation est particulièrement marquée en France, pays touristique attaché au cadre de vie et vieillissant, ce qui n'aide pas à la conduite du changement. Elle est exacerbée par le débat perpétuel sur le nucléaire qui a polarisé l'opinion française : beaucoup de lobbyistes et de pseudo-experts de l'énergie indiquent encore qu'il faudrait choisir entre le nucléaire ou les énergies renouvelables, comme si l'un était exclusif de l'autre. L'éolien ne servirait à rien car en l'absence de vent il faut impérativement des centrales à gaz ou au charbon ; symétriquement, le nucléaire serait une énergie dépassée, coûteuse et dangereuse qui rigidifierait notre mix énergétique pour des décennies. Tous ces arguments sont largement démentis. Il suffit de prendre un peu de recul et de regarder les choix des pays européens ainsi que les rapports d'expertise des gestionnaires de réseaux – qui sont les véritables garants du système énergétique – pour comprendre l'intérêt d'un mix diversifié. Bien que réfutée, cette rhétorique n'en constitue pas moins un frein au changement, et je ne peux que militer en faveur d'un apaisement du débat politique sur le nucléaire et les énergies renouvelables.

Au-delà des moyens de production énergétiques eux-mêmes, des difficultés sont également à signaler à propos des usines de fabrication et d'assemblage des composants. L'autonomie stratégique exige en effet une maîtrise de la chaîne industrielle de l'énergie, ce qui n'est plus le cas aujourd'hui : 90 % des panneaux solaires sont fabriqués en Chine, 85 % de l'acier provient d'aciéries asiatiques, y compris l'acier des éoliennes et des armatures des réacteurs nucléaires. L'extraction et la transformation de certaines terres rares entrant dans la fabrication de composants électriques et électroniques sont quasi exclusivement situées en Chine. Il en va de même pour les batteries : remplacer les moteurs thermiques par des véhicules électriques n'est vertueux que si l'Europe parvient à produire les batteries indispensables à leur fonctionnement. Si l'Union européenne et le gouvernement français ont pris conscience de l'enjeu industriel et que les annonces de *gigafactories* se multiplient, elles doivent encore se matérialiser en constructions concrètes d'usines rentables. Au chapitre relatif à l'industrie, je détaille les défis économiques à surmonter à cette fin. Disposer de salariés qualifiés en nombre suffisant constitue un deuxième défi qui renvoie aux mesures décrites dans le chapitre dédié à l'éducation et à la formation. L'acceptabilité locale ne doit pas être sous-estimée et il serait dommage qu'après plusieurs décennies de désindustrialisation et d'importations croissantes, la limite principale à la réindustrialisation soit l'acceptabilité locale des usines par les riverains ou la capacité administrative à accorder rapidement des autorisations environnementales. Sur ce dernier point, si les efforts de simplification engagés par les gouvernements successifs n'ont pas porté pleinement leurs fruits, des progrès ont eu lieu récemment pour faciliter spécifiquement la construction d'usines, dont il reste à apprécier l'efficacité dans la durée[1].

Le deuxième foyer de résistance, plus prégnant et à plus fort enjeu, porte sur l'efficacité énergétique des bâtiments. Plusieurs millions de Français vivent dans des passoires énergétiques et environ 15 % sont en situation de précarité énergétique. Une meilleure sobriété énergétique des bâtiments s'avère donc indispensable. Elle se place au carrefour des trois valeurs du nouveau modèle de société, car elle améliore à la fois l'autonomie stratégique, la cohésion sociétale et participe à la préservation des biens communs. Toutefois, les résultats sont décevants jusqu'à présent :

---

1. Le rapport de Laurent Guillot remis au gouvernement en mars 2022 indique que la durée d'obtention des permis pour une usine est de dix-sept mois en France contre moins de douze mois en Allemagne. Il propose diverses pistes d'amélioration, dont la multiplication de sites industriels « clés en main », notamment issus de la requalification de friches ainsi qu'une évolution de la posture des services instructeurs de l'État.

la puissance publique doit donc développer sa capacité d'intervention chez les particuliers. Or, s'il y a un lieu où les Français sont réticents à l'intervention publique, c'est bien chez eux ! Pour témoin, le déploiement des compteurs communicants Linky ne s'est pas réalisé sans difficulté, notamment à cause de théories complotistes sur la nocivité des ondes ou la surveillance généralisée prétendument cachée derrière l'installation des compteurs. La hausse des prix de l'énergie pour inciter à réduire les consommations ne constitue pas une solution non plus : les Gilets jaunes ont montré le rejet d'une hausse progressive du prix de l'énergie à travers la taxe carbone ; la flambée des prix de l'énergie à la suite de la guerre en Ukraine a conduit le gouvernement à mettre en place un bouclier tarifaire d'un montant inédit, bien supérieur à l'ensemble des aides existantes à la rénovation énergétique des logements et l'achat des véhicules électriques. Dans ce contexte, comment convaincre les Français d'isoler leurs logements ou changer leur chaudière ? Il me semble possible d'être plus offensif sur les aides proposées et d'accentuer le recours à la sobriété volontaire : lors de l'hiver 2022, une grande partie des Français a joué le jeu de réduire sa consommation de chauffage alors même que les prix de l'électricité et du gaz avaient été gelés par le gouvernement[1]. Il existe donc une capacité à mobiliser le civisme d'une partie des Français, notamment lorsqu'il obéit à une logique perçue comme gagnant-gagnant.

1. La consommation d'énergie a baissé de 8 à 10 % durant l'hiver 2022 par rapport aux années précédentes, et l'effet semble durable puisque aucun rebond n'est constaté en 2023.

De manière plus large, notre société a beaucoup de mal à intégrer la sobriété dans son logiciel économique. Or, la sobriété économique est un gage de sobriété énergétique, car, comme nous l'avons vu, toute l'activité économique se résume à un transport de matières mobilisant de l'énergie. Cette troisième résistance est systémique, ancrée dans nombre de *business models* d'entreprises et dans notre propre culture. Elle rend chaque mesure de sobriété conflictuelle : interdire les écrans publicitaires lumineux ? Le Parlement n'a pour l'instant opté que pour contraindre à les éteindre la nuit lorsque personne ne les regarde. Restreindre les déplacements en avion ? La France est pionnière en ayant interdit quelques dessertes facilement substituables en train, mais il semble exclu d'aller plus loin ou de blâmer quiconque prend l'avion[1], y compris les plus riches à bord de leurs jets privés[2]. Réduire le poids des véhicules pour baisser leur consommation ? L'essor des crossovers depuis dix ans montre que la tendance est inverse : nous achetons des voitures de plus en plus lourdes. Concevoir des box Internet qui s'éteignent lorsque nous ne les utilisons pas, c'est-à-dire plus de la moitié de la journée ? Il n'y a aucun débat d'opinion à ce propos, ni au sujet de l'impact énergétique du *streaming* et des

---

1. L'opinion publique, y compris les jeunes, ne plaide pas pour interdire ou limiter le recours à l'avion comme un moyen de transport potentiel pour leurs prochaines vacances et ne sont pas préoccupés par son impact climatique

2. Le gouvernement a annoncé durant l'été 2023 que le kérosène utilisé par les jets privés sera taxé au même niveau que l'essence et le diesel utilisé pour nos voitures. Si cette annonce est bienvenue, son impact sera faible et sur le plan de l'équité elle ne fait que corriger une aberration.

applications de vidéos à la demande. Au-delà des blocages techniques ou économiques, il existe indéniablement un verrou culturel qui fait de l'acte d'achat une manière de se réaliser : l'application la plus téléchargée par les adolescents américains est actuellement Shein, enseigne chinoise de *fast-fashion* dont les habits bas de gamme seront jetés au bout de quelques jours[1] ! Casser ce verrou est sans doute le défi le plus difficile des années à venir en matière de politique énergétique et climatique. Il renvoie à la notion de désirabilité. Il sera d'autant plus facile de préférer le train à l'avion si nous percevons les voyages en train comme plus confortables, moins chers et plus distractifs que les voyages en avion. Nous achèterons plus volontiers des voitures électriques si celles-ci ont un design plus soigné et sont plus ergonomiques que leurs homologues thermiques. Nous nous détournerons de la *fast fashion* plus facilement si les stars et influenceurs la réprouvent. Mais cela n'a rien d'évident ni de spontané.

Les mesures nécessaires pour arriver à bon port

Comme indiqué en début de chapitre, l'énergie est le secteur où la transformation vers le nouveau modèle de société est la plus avancée. Les résistances qui viennent d'être décrites sont surmontables et certaines sont déjà en passe de l'être.

Politiquement, le chemin est déjà largement jalonné d'objectifs, sans aucun doute trop nombreux d'ailleurs, ce qui traduit un certain éparpillement ou une ébullition liée à

1. Lokman Kantar, « "Shein", l'appli fringue qui cartonne auprès des ados », *koolmag.fr*, 14 mars, 2022.

l'ampleur de la transformation. Certains de ces objectifs sont particulièrement symboliques et structurants : neutralité carbone en 2050, mix électrique 100 % décarboné, éradication des passoires énergétiques, disparition de la précarité énergétique, ou encore fin de la vente de véhicules thermiques en 2035. Plus nombreux encore, pour chacun de ces grands objectifs, la loi fixe en général plusieurs sous-objectifs quantitatifs à atteindre : 500 000 rénovations énergétiques de logements par an, 100 GW de puissance solaire installée d'ici 2050, une part modale du vélo d'au moins 12 % en 2030, plus de 7 millions de points de recharge pour véhicule électrique déployés d'ici 2030, etc. Ces sous-objectifs se comptent par dizaines et traduisent une approche structurée du sujet, ce qui est un gage important de réussite.

Récemment, un objectif de réindustrialisation des filières énergétiques a été introduit, décliné en millions de batteries fabriquées en France et en pourcentage de panneaux solaires assemblés sur le territoire national. Ce nouvel objectif traduit le pilier de l'autonomie stratégique, ce qui est éminemment positif.

Cet ensemble impressionnant d'objectifs et de sous-objectifs est amplement suffisant. L'enjeu n'est pas d'en rajouter ou de se lancer dans un travail de mise en cohérence parfaite entre eux. L'heure est à l'action pour avancer au plus vite vers ces objectifs. Et là, l'adage « si c'était facile, ce serait déjà fait » prend tout son sens.

En face de ces multiples objectifs, une quantité impressionnante de mesures ont été déployées depuis dix ans et se renforcent chaque année au gré de nouvelles lois. Ainsi, au moment où j'écris ces lignes, le gouvernement français vient de dévoiler une modulation du bonus-malus à l'achat d'un véhicule électrique afin d'exclure implicitement les voitures électriques chinoises[1] et favoriser la construction de *gigafactories* de batteries en France. Il vient également d'annoncer la majoration du crédit d'impôt pour les usines de fabrication de panneaux solaires ou d'éoliennes. Ces modulations sont permises par l'Union européenne grâce au paquet *Fit for 55* qui vise à répliquer les mesures de l'*Inflation Reduction Act* américain, lui-même ayant vocation à favoriser considérablement les véhicules électriques *made in USA*.

L'arsenal de mesures existantes est impressionnant et s'étoffe. Pourtant, beaucoup d'experts doutent qu'il permettra d'atteindre les objectifs, en tout cas pas à la date souhaitée. Nous sommes face à un défi d'exécution pour venir à bout d'un problème complexe. Énumérer quelques mesures miraculeuses permettant de résoudre le problème n'aurait pas de sens. J'en resterai à lister quatre champs où il me semble que l'action publique peut encore être renforcée sans tomber dans l'usine à gaz administrative.

Le premier concerne la (re)localisation sur le territoire des usines fabriquant les équipements énergétiques. L'approche actuelle, calquée sur les États-Unis, consiste à subventionner massivement la construction des usines afin qu'elles restent compétitives avec les usines chinoises, elles-mêmes bien souvent subventionnées par l'État chinois.

1. La modulation consiste à prendre en compte les émissions de gaz à effet de serre du lieu où ont été fabriqués les batteries et les métaux, du lieu où la voiture a été assemblée ainsi que le degré de recyclabilité des matériaux. Ce qui favorise les pays européens et particulièrement la France du fait de son électricité décarbonée.

L'Union européenne et l'État français vont donc payer sur denier public environ 25 à 50 % du coût d'investissement dans les *gigafactories* de batteries et de panneaux solaires. Comme cela reste insuffisant, ils vont ensuite très probablement subventionner chaque voiture et panneau qui en sortira. Le bonus-malus sur les véhicules électriques annoncé par le gouvernement revient en effet à subventionner chaque voiture utilisant une batterie *made in Europe*. Cette approche se comprend, mais pour financer cette masse de subventions, il va être nécessaire indirectement d'augmenter les impôts des contribuables ou d'accroître le déficit public. Augmenter les impôts s'avère évidemment quasi impossible, compte tenu du ras-le-bol fiscal ambiant. Creuser le déficit public revient à aggraver notre dépendance – déjà importante – à nos créanciers. Si les taux d'intérêt de la dette française viennent à augmenter fortement, cette approche peut mener à une impasse budgétaire. Par ailleurs, eu égard à toutes les subventions versées, le consommateur français va disposer de panneaux solaires ou de voitures électriques à prix cassé : il bénéficiera de la qualité française au prix chinois ! Est-ce une approche soutenable et réplicable sur une vaste gamme de produits (chimie, textiles, électronique…) alors que le déficit de l'État atteint des sommets et que la capacité à rehausser les impôts est quasi nulle en matière d'acceptabilité ? J'anticipe que la France et l'Union européenne devront changer de logique rapidement et opter pour la mise en place de barrières douanières aux frontières de l'Union européenne. Il pourrait s'agir soit de barrières tarifaires (= taxation de certains produits importés), soit de barrières non tarifaires (= exiger une caractéristique que seuls les produits *made in*

Europe satisfont). Une barrière douanière permet en effet d'arriver au même résultat qu'une subvention : bannir ou décourager l'achat de certains produits étrangers. Mais elle n'a aucun coût pour les finances publiques ! La contrepartie est que le prix de vente final au consommateur sera le prix européen et non le prix chinois, c'est-à-dire le vrai prix de la qualité. L'Union européenne, qui s'est bâtie sur l'ouverture des marchés et l'établissement d'accords de libre-échange avec les pays émergents, n'est sans doute pas encore prête à ce changement de paradigme. Toutefois, dès lors que certains pays de l'Union européenne, dont potentiellement la France, risquent de ne pas pouvoir suivre la course aux subventions industrielles, la substitution par des barrières douanières fait sens et devient même indispensable pour concilier autonomie stratégique et cohésion sociétale au sein de l'Union européenne. Elle est particulièrement pertinente pour les produits comme les panneaux solaires où le prix n'est plus un sujet : même si les panneaux solaires coûtent 20 % plus cher, l'énergie solaire restera très bon marché. Ce n'est pas le cas des voitures électriques où un prix à l'achat majoré de 20 % conduira certains ménages à préférer des véhicules thermiques ou à différer leur achat, au détriment du climat et de la cohésion sociétale. Les deux récentes procédures d'infraction antidumping engagées par l'Union européenne contre les fabricants chinois de panneaux solaires et d'éoliennes[1] traduisent peut-être le début d'un changement de logique vers des barrières douanières.

1. Tifenn Clinkemaillié, « Éoliennes : l'Union européenne lance une enquête antisubvention visant la Chine », *lesechos.fr*, 9 avril 2024.

Le deuxième champ d'amélioration des politiques publiques existantes concerne la sobriété. Comme mentionné précédemment, la sobriété est en phase avec les trois valeurs du nouveau modèle de société : autonomie stratégique, cohésion sociétale et préservation des biens communs. C'est aujourd'hui la seule : l'installation d'énergies renouvelables ou de réacteurs nucléaires rencontre des problèmes d'acceptabilité qui peuvent nuire à la cohésion sociétale. Il est donc rationnel de vouloir aller le plus loin possible en matière d'écoconception et de sobriété d'usage. Culturellement, hélas, notre société reste largement tournée vers la maximisation du pouvoir d'achat et la consommation. Nous n'avons pas encore exploré réellement le potentiel considérable de la sobriété. Le champ est vaste et recouvre des mesures symboliques tout autant que structurelles : normer les box Internet pour qu'elles s'éteignent la nuit et lorsque nous sommes au travail est symbolique, mais sans aucun doute facile à réaliser, tout en étant « gagnant-gagnant » pour le climat et les factures d'énergie. Exonérer de TVA toutes les activités de réparation ainsi que les services de mobilité partagée est une évolution structurelle qui se heurtera à de nombreux lobbys, mais qui est pertinente en matière de sobriété à la source. Lutter vraiment contre l'obsolescence programmée et l'obsolescence logicielle[1] s'avère tout aussi judicieux et empreint de résistance. La liste des mesures structurelles

1. Un exemple classique d'obsolescence logicielle aujourd'hui : beaucoup d'applications pour smartphone ne sont plus mises à jour pour être compatibles avec les smartphones de générations trop anciennes. Ainsi, même si le smartphone fonctionne encore,

possibles est longue: exonérer de droits de notaires les personnes qui déménagent pour se rapprocher de leur lieu de travail et qui vont donc réduire mécaniquement leurs besoins de transport; contraindre les banques, lorsqu'elles octroient un crédit immobilier, à intégrer dans le calcul de solvabilité le coût des trajets domicile-travail et les coûts énergétiques du logement et non uniquement le salaire net du propriétaire; proposer aux ménages en précarité énergétique des contrats d'engagement où 100 % du coût d'isolation est pris en charge par l'État en contrepartie d'un prélèvement automatique pendant quelques années d'une fraction des économies réalisées... Toutes ces pistes de mesures, qui ne prétendent pas à l'exhaustivité, ont en commun de se confronter à un facteur de résistance administrative ou industrielle fort: Bercy abhorre toute baisse de TVA ou des droits de notaires, synonymes de moindres recettes budgétaires; les fabricants de smartphones et d'applications constituent de puissants lobbys qui détestent les normes touchant leurs produits (il a fallu dix ans pour que l'Union européenne parvienne à forcer Apple à utiliser un chargeur universel...). Le changement à opérer est donc avant tout politique et culturel! Heureusement les mentalités changent: qui aurait pensé il y a vingt ans qu'un Français sur dix aurait honte de prendre l'avion et se restreigne volontairement à cause de l'impact climatique d'un vol? Quel dirigeant n'aurait pas souri de mépris à l'annonce de la fin de vente de véhicule essence et diesel en 2035?

---

vous pouvez perdre l'accès à vos applications bancaires, de réseaux sociaux, etc., et devoir racheter un téléphone récent.

Le troisième champ de renforcement de l'action publique concerne la tarification de l'énergie. Nous vivons actuellement une période où les prix de l'électricité, du gaz et du pétrole sont élevés, ce qui favorise la sobriété : le signal-prix fonctionne et a même dû être freiné fortement par le bouclier tarifaire pour éviter une explosion de la précarité énergétique – ce que d'autres pays européens n'ont pas fait avec la même vigueur. Mais le maintien de prix élevés par le seul jeu du marché n'est pas acquis jusqu'à 2030, ni a fortiori 2050. Même si le prix européen du carbone aidera certainement à soutenir les prix des énergies fossiles, il est tout à fait possible que les prix du pétrole et du gaz redescendent à des niveaux bas qui nuisent aux actions de sobriété et de transformation nécessaires. Comment inciter les Français et les entreprises à réduire leur consommation si les prix de l'énergie venaient à être bas, comme ce fut le cas durant la décennie 2010 ? Une voie de sortie possible consisterait à afficher un corridor de prix TTC du gaz et du pétrole, voire de l'électricité, afin de donner de la visibilité aux Français sur la manière dont les prix de l'énergie et de leur facture évolueront dans le temps. Économiquement, cela signifie mettre en place une TICPE flottante, c'est-à-dire une taxation de l'essence et du gaz qui varie selon le prix de la molécule. À sa façon, le bouclier tarifaire a constitué un plafond instauré en urgence. Il s'agirait de le pérenniser et de prévoir en contrepartie un prix plancher de manière à former un corridor. Celui-ci serait légèrement croissant sur vingt ans afin de renforcer progressivement l'incitation à sortir des énergies fossiles. Par souci d'équité, un corridor d'extinction progressive des subventions existantes aux énergies fossiles pour certaines professions – taxis, agriculteurs, routiers, aviation – serait aussi mis en place. Une lente trajectoire de disparition de ces subventions sur vingt ans donnerait de la visibilité tout en étant socialement acceptable[1]. Inversement, conserver indéfiniment des subventions aux énergies fossiles pour certaines professions, fussent-elles influentes, finira par poser un problème d'acceptabilité qui nuira à la cohésion sociétale, et ce d'autant plus que la profession est perçue comme riche, d'où les polémiques exacerbées sur l'absence de taxation du kérosène pour les vols internationaux ou les porte-conteneurs transcontinentaux.

Le quatrième champ de vigilance concerne la place destinée à la captation et séquestration du carbone ainsi qu'à l'importation d'hydrogène et ses dérivés. Si le développement des énergies renouvelables, l'électrification des usages et dans une moindre mesure le développement du nucléaire font largement consensus, la plupart des scénarios d'experts indiquent qu'il faudra recourir à l'hydrogène et ses dérivés pour décarboner certains usages non adaptés à l'électricité, comme l'aviation, le transport maritime de longue distance et une partie de la chimie lourde. Pour respecter l'impératif climatique, cet hydrogène proviendra de l'électrolyse d'eau grâce à de l'énergie solaire et éolienne. Toutefois la localisation des électrolyseurs est aujourd'hui sujette à débat et le choix retenu peut impacter l'autonomie stratégique. De nombreuses voix en Europe promeuvent l'importation d'hydrogène vert à partir de pays désertiques

1. Il existe un adage au ministère des Finances selon lequel « derrière chaque niche fiscale, il y a un chien méchant ». Toute suppression d'une niche fiscale expose donc à une résistance forte et ne peut généralement pas se faire brutalement.

(Moyen-Orient, Maghreb, Chili, Australie…) dont le très bon ensoleillement et les vastes surfaces disponibles assureront un coût de production faible. Substituer des importations d'énergies fossiles de pays non démocratiques pour les remplacer partiellement par des imports d'hydrogène vert de pays similaires ne serait pas neutre en matière d'autonomie stratégique. Contrairement aux énergies fossiles, où les gisements sont concentrés sur peu de pays, il est tout à fait possible de bâtir une stratégie d'importation raisonnée s'appuyant sur des pays partageant largement nos valeurs ; cette voie suppose néanmoins d'encadrer le laisser-faire qui résulterait des uniques forces du marché mondial de l'hydrogène. En sus de l'hydrogène vert, certains experts promeuvent par ailleurs le recours au captage et stockage du carbone : le dioxyde de carbone sortant des fumées d'usines chimiques ou de centrales électriques fossiles serait capté puis enfoui dans d'anciens forages de gaz et de pétrole. Cette technologie de séquestration fait l'objet de plusieurs prototypes industriels au niveau mondial. Au-delà du pari à baser la décarbonation de l'économie sur une technologie non mature, un recours massif à la capture du carbone risque de heurter assez frontalement les efforts de sobriété et de mobilisation citoyenne : elle laisse en effet espérer que le changement climatique peut être vaincu sans changement d'habitude ou de mode de consommation. Nous pourrions continuer à utiliser des énergies fossiles et il « suffirait » de capter le carbone émis par leur combustion et de le réinjecter sous terre. Le cycle du carbone serait ainsi fermé grâce à l'innovation technologique et sans effort ! Bel exemple de techno-solutionnisme, la séquestration du carbone est promue par la plupart des producteurs de pétrole et de gaz, qui au passage deviendraient les heureux détenteurs d'une nouvelle ressource rare et lucrative : les puits où réinjecter le carbone. Tout laisse à penser que la séquestration du carbone constituera le prochain élément de clivage au sein du monde de l'énergie, et plus particulièrement entre les acteurs actuels du pétrole et du gaz et les militants associatifs. Sans nier complètement le rôle que pourrait jouer la séquestration, je considère qu'elle ne peut être qu'un appoint mineur à la décarbonation de l'Europe au risque de recréer des dépendances géopolitiques et de nuire à l'effort indispensable de transformation de nos modes de vie[1].

Nous vivons un point de bascule rare de notre système énergétique ! Pour revenir sur l'analogie avec le corps humain, nous changeons la source d'oxygène qui alimente notre organisme. Une telle métamorphose est exceptionnelle dans l'histoire de l'évolution. À voir l'intérêt des jeunes générations pour les énergies renouvelables, le vélo et les véhicules électriques, nul doute que cette évolution est porteuse de sens et qu'elle peut aider à façonner un récit positif pour notre nouveau modèle de prospérité. Au début des années 2010, l'accent a beaucoup été mis sur la peur du réchauffement climatique pour convaincre de la nécessité de sortir des énergies fossiles. Une conduite du changement réussie s'appuie rarement sur la peur ; aujourd'hui le discours change et la transition énergétique est présentée progressivement comme un progrès. David Djaiz et

1. Cette évolution de nos modes de vie est nécessaire pour endiguer le changement climatique mais aussi pour préserver les autres biens naturels et les huit autres limites planétaires.

Xavier Desjardins l'indiquent avec justesse dans leur livre *La révolution obligée*[1], la Chine et les États-Unis ont intégré la transition énergétique dans leur récit national. Toutefois, l'un et l'autre l'ont limitée au volet industriel de produire massivement de l'énergie verte et posséder la chaîne de fabrication des équipements. Aucun des deux ne traite de sobriété ni d'habitudes de consommation. Aucun des deux ne fait de lien avec la préservation d'autres biens communs et le respect des neuf limites planétaires. À travers les formations systématiques des écoliers, des élèves, des dirigeants et des salariés à la transition énergétique, à travers la mobilisation à des fins pédagogiques d'organismes au crédit indiscutables comme le Collège de France, l'Académie des sciences ou le CNRS, j'ai la conviction que nous pouvons façonner un récit positif qui dépasse les clivages historiques – désormais secondaires – sur le nucléaire. Grâce aux nombreuses législations du Pacte vert européen, ce récit européen de transformation énergétique peut être complet et traiter de sobriété, de changement de mode de vie et de préservation des biens communs. L'écrire constitue peut-être la moitié de la transformation en elle-même…

1. David Djaiz et Xavier Desjardins, *La révolution obligée*, Paris, Allary, 2024.

Mieux se nourrir
la métamorphose du plaisir de manger

Se nourrir est un besoin vital. Une société ne peut être prospère si elle n'est pas en mesure d'assurer la suffisance alimentaire de son peuple, y compris en période de crise sévère.

Au-delà de l'aspect quantitatif, bien manger, au sens consommer des produits agroécologiques de qualité et bien cuisinés constitue un facteur de bien-être, de puissance et de rayonnement. Notre nourriture revêt une forte dimension identitaire et culturelle: identitaire car l'agriculture recouvre la moitié du territoire et façonne les paysages de nos campagnes; culturelle car de la baguette française au burger américain en passant par les antipasti italiens et les currys indiens, nos civilisations se sont toujours distinguées par leurs recettes et leurs traditions culinaires.

Incontestablement, bien manger fait partie intégrante du mieux-vivre ensemble. L'alimentation est à la croisée des trois valeurs de l'âge de raison: autonomie stratégique, préservation des biens communs et cohésion sociétale.

Pourtant, force est de constater que la politique alimentaire a été malmenée ces dernières décennies. Une refondation s'impose, mais reste à ce jour encore balbutiante.

Avant de décrire un chemin de refondation possible, il s'avère utile de comprendre les dérives récentes et d'en déterminer les origines profondes.

Jusqu'au milieu des années 2010, l'alimentation a tout d'abord été en grande partie confondue avec l'agriculture. De manière symbolique, il a fallu attendre 2017 pour que le ministère de l'Agriculture (re)devienne le ministère de l'Alimentation. Auparavant, les dirigeants politiques se sont donc focalisés sur l'offre, à savoir la production de denrées alimentaires et leur transformation. Sur ce plan, la France, première puissance agroalimentaire d'Europe de l'Ouest, n'a rien à envier aux autres grandes nations. Le solde commercial du secteur agroalimentaire est positif : à l'échelle mondiale, l'Hexagone est par exemple le premier exportateur de semences agricoles, de pommes de terre et de lin fibre. Au sein de l'Union européenne, la France est le premier producteur d'œufs, de céréales, et de graines oléagineuses[1]. Au-delà de ces chiffres, nous restons toujours perçus comme le pays de la gastronomie. L'art de vivre à la française comporte indéniablement une dimension culinaire.

Derrière cette image reluisante, l'alimentation n'a cependant pas été épargnée par le mythe de la fin de l'Histoire et ses valeurs : mondialisation, accords de libre-échange, mise en concurrence avec les pays à bas coûts, agriculture intensive ne prenant pas en compte la préservation des sols, de l'eau et des écosystèmes, prédominance et amplification marketing de la liberté individuelle consistant à manger

1. « Palmarès des produits agricoles et agroalimentaires français », *agriculture.gouv.fr*, 30 mai 2023.

ce que l'on veut y compris quand cela aboutit au développement sans équivalent de la malbouffe et du grignotage. Sans que la situation soit calamiteuse, l'alimentation est un secteur emblématique des dérives générées par le modèle du mythe de la fin de l'Histoire.

Plus en détail, examinons tout d'abord l'offre, c'est-à-dire l'agriculture et l'industrie agroalimentaire. En quelques décennies, l'ouverture commerciale et les accords de libre-échange ont abouti à un système que tout économiste devrait reconnaître comme dysfonctionnel : d'un côté, nous avons mis en concurrence nos agriculteurs et notre chaîne de transformation avec leurs homologues du monde entier, y compris ceux qui ne respectent ni nos normes sociales ni nos exigences environnementales. Dans cette catégorie se trouvent évidemment les paysans de pays émergents (Brésil, Argentine, Asie du Sud, etc.), mais également les grands céréaliers et éleveurs américains. De l'autre, nous avons déployé le plus grand programme européen de subventions : la politique agricole commune (PAC) ! Dans un secteur à faible valeur ajoutée comme l'agriculture, ce résultat est absolument logique : sans la PAC, une partie importante de l'agriculture européenne aurait en effet disparu sous l'effet de la concurrence internationale.

Il est possible de voir le verre à moitié plein : face au risque de disparition de ses agriculteurs, l'Union européenne a réagi et instauré la PAC pour préserver sa souveraineté alimentaire. Indéniablement, elle a donc considéré que l'autonomie stratégique prévalait sur la concurrence pleine et entière. Par ailleurs, une partie de la PAC constitue une péréquation interne à l'Union européenne, notamment à travers le deuxième pilier de « développement rural » : la polyculture de Franche-Comté et l'élevage montagnard français sont par exemple sans doute moins compétitifs que l'élevage intensif breton, l'agriculture intensive de la Beauce ou leurs homologues des États membres d'Europe de l'Est. Cette péréquation interne reste néanmoins à relativiser au regard de la part élevée des aides européennes captées par les grandes exploitations exportatrices, 81 % des aides étant touchées par 20 % des agriculteurs compte tenu du fait qu'une fraction majoritaire des aides est versée à proportion de la surface exploitée ou de la quantité de bétail[1]. Au demeurant, pour la France, le système actuel n'est pas particulièrement négatif et il est notable que certaines filières, comme les abattoirs, sont davantage en difficulté du fait de la concurrence intra-européenne plutôt que de la concurrence internationale.

Mais, côté verre à moitié vide, quelle nécessité y avait-il d'ouvrir autant les frontières européennes sur un secteur aussi crucial que la production de notre nourriture ? En quoi importer des lentilles du Canada et du soja du Brésil est-il plus vertueux que de les produire en Europe ? Pourquoi avoir choisi un modèle qui conduit à produire et exporter massivement du blé (50 % du blé français est exporté) et importer d'Amérique, d'Ukraine et de Russie la majorité des protéines végétales (soja, tournesol) nécessaire à l'alimentation du bétail ? Pourquoi choisir de délocaliser significativement la production de fruits et légumes dans le sud de l'Espagne, région aujourd'hui confrontée à une raréfaction problématique de l'eau ainsi qu'à une gestion complexe des travailleurs saisonniers venant du Maghreb ?

1. Marie Guiton, « Qui touche les aides de la PAC », *touteleurope.eu*.

Le gain de compétitivité généré par cette spécialisation valait-il de créer ce Goliath administratif qu'est la PAC ? Est-il pertinent que 30 à 50 % des revenus d'un agriculteur dépendent aujourd'hui de subventions et qu'une partie majoritaire de ses revenus soit liée aux cours mondiaux des denrées et à des événements météorologiques qui se produisent à l'autre bout du monde ?

Je considère que l'ouverture très vaste du secteur agroalimentaire à la concurrence internationale au tournant du siècle a incontestablement affaibli notre autonomie stratégique et nos biens communs naturels. En promouvant un modèle agricole productiviste, seul capable de rivaliser avec les pays à bas coûts, nous avons créé les conditions parfaites pour l'usage massif de produits phytosanitaires et des engrais chimiques, que nous importons massivement d'Europe centrale et dont l'impact sur les écosystèmes se révèle aujourd'hui déplorable : disparation des abeilles, algues vertes, pollution des nappes phréatiques aux nitrates, épuisement des sols, disparition des haies et des écosystèmes associés, impact des pesticides sur la santé humaine, monoculture excessive dans certaines régions (maïs dans les Landes, céréales dans la Beauce, vignes dans le Médoc...). Sans aucunement blâmer les agriculteurs – qui n'ont fait que déployer le modèle souhaité par les pouvoirs publics –, nous avons privilégié la mondialisation et le consumérisme par rapport à la préservation des biens communs naturels. Changer de pratiques agricoles n'adviendra pas sans changement des règles économiques pour réduire l'intensité de la mise en concurrence avec les agriculteurs et éleveurs du monde entier et pour redonner de la valeur à la préservation du sol et la nourriture de qualité.

Ce modèle agricole a également affecté un autre bien commun: la santé de nos agriculteurs et l'attractivité de la filière! Il existe une hétérogénéité forte en matière de revenus agricoles et il est indéniable que certains agriculteurs et éleveurs gagnent correctement leur vie. Toutefois, et sans tomber dans la caricature, il est manifeste qu'une fraction importante, sans doute proche d'un tiers[1], touche des revenus inférieurs au salaire minimum alors même que les conditions de travail, et notamment le nombre d'heures hebdomadaires, sont difficiles – 18 % des agriculteurs et éleveurs vivent ainsi sous le seuil de pauvreté[2]. Comme l'indique également de manière éclairante le groupe d'économistes The Other Economy, ce qui distingue nettement les agriculteurs des autres professions est la dépendance du revenu d'activité aux aides publiques et aux conditions extérieures à leur activité (marchés internationaux et conditions climatiques), deux facteurs d'insécurité chronique[3]. Autre caractéristique, le taux de suicide au sein des professions agricoles est le double de celui de la population française[4].

1. Nadia Belhakem, Grégoire Borey, Julie Dufeutrelle, « Des revenus agricoles élevés mais des disparités importantes », *insee.fr*, 15 décembre 2020.
2. Régine Bordet-Gaudin, Caroline Logeais, Amandine Ulrich, « Le niveau de vie des ménages agricoles est plus faible dans les territoires d'élevage », *insee.fr*, 11 octobre 2021.
3. Michel Auzet et Marion Cohen, membres du groupe d'économistes The Other Economy, « L'évolution du revenu des agriculteurs », janvier 2024.
4. « Suicides en agriculture : mieux prévenir, identifier et accompagner les situations de détresse », *senat.fr*, rapport d'information n° 451 (2020-2021).

La prévalence plus élevée de cancers du sang, de la prostate, de la peau, du système immunitaire résulte de l'utilisation des pesticides. En d'autres termes, nous n'avons pas pris grand soin de nos nourriciers ! Ce faisant, nous avons logiquement dévalorisé la profession alors même que les exploitations agricoles font face à une vague massive de départs à la retraite. Tandis que le contact avec la nature et les animaux est plébiscité, les vocations chez les jeunes sont trop peu nombreuses. Comment pourrait-il en être autrement étant donné le salaire souvent faible, la pénibilité, la dépendance aux aides de la PAC, la pression grandissante du changement climatique et des exigences sociétales en matière d'environnement ?

En résumé, côté offre, bien que la France reste une puissance agricole importante, le modèle agricole me paraît devoir être refondé car il n'est pas soutenable ! Ce constat se diffuse, mais, comme nous le verrons, les mesures pour transformer le système restent lacunaires. L'agriculture et l'industrie agroalimentaire ne sont pas encore parvenues à l'âge de raison.

Côté demande, les consommateurs français et européens ont indéniablement été gagnants en matière de pouvoir d'achat. Grâce à la mise en concurrence mondiale de nos agriculteurs et de l'industrie agroalimentaire, le coût des denrées a considérablement décru. L'alimentation représentait 29 % du total du budget de consommation des ménages en 1960 et seulement 17 % en 2019[1]. La sécurité sanitaire s'est parallèlement fortement accrue grâce aux

1. « Évolution de la consommation des ménages », *lafinance-pourtous.com*, 05 novembre 2021.

normes d'hygiène de l'industrie agroalimentaire, au point que les intoxications alimentaires sont devenues exceptionnelles. Nous avons bénéficié en tant que consommateurs d'un véritable âge d'or, d'autant que l'offre s'est considérablement diversifiée, décuplant le nombre de produits et de marques et offrant une quasi-infinité de choix. Le consumérisme et l'individualisme tant promus se sont exprimés pleinement : développement du snacking, des surgelés, des glaces, des produits ultra-transformés, augmentation du grignotage, altération de la place du dîner en famille... Indéniablement, ces nouvelles offres alimentaires sont commodes et il n'est pas question ici de vouloir les supprimer. Tout est une question de dosage et d'information du consommateur sur ce qu'il achète. À en juger par le matraquage publicitaire nous avons délibérément laissé l'industrie agroalimentaire exploiter notre désir primaire de manger, quand bien même *in fine* cette acculturation a conduit au développement de pathologies comme le surpoids, le diabète et l'hypertension.

En tant que consommateurs, nous sommes enfin aujourd'hui largement déconnectés du monde agricole et de l'industrie agroalimentaire. Combien d'entre nous savent à quoi ressemble une usine fabriquant des pâtes ? Combien d'entre nous ont une vision correcte de la chaîne logistique qui achemine le lait dans nos supermarchés ? Combien d'entre nous visualisent l'intérieur d'un abattoir ? L'urbanisation a contribué à ce détachement et il n'est bien sûr ni question de retourner vivre massivement à la campagne ni d'envoyer nos enfants suivre des stages obligatoires dans des fermes. Toutefois, nous devons reconnaître que le marketing excessif vantant une vision artisanale fantasmée sans lien avec la réalité de la fabrication contribue à cet éloignement. La marmotte qui emballe délicatement le chocolat à la télévision est en réalité certainement un robot fabriqué en Chine opérant dans une usine d'Europe de l'Est avant que la plaquette de chocolat se mette à parcourir quelques milliers de kilomètres en camion.

Côté demande, la politique alimentaire du tournant du siècle a donc abouti à une situation ambivalente : les prix bas ont contribué à faire décroître fortement la précarité alimentaire tout en favorisant la malnutrition (au sens « malbouffe »).

Ce constat d'un système alimentaire défaillant n'est pas propre à la France. Il est partagé avec tous les pays occidentaux, à commencer par les États-Unis. Il se répand rapidement dans la plupart des pays émergents d'Asie ainsi qu'au Moyen-Orient.

La refondation s'impose donc à la fois côté offre et côté demande ! Elle sera rude : en tant que consommateur nous avons été dopés aux prix bas et au gras, salé, sucré, transformé. Se sevrer constitue une épreuve. La propension à payer plus cher pour des produits alimentaires plus écologiques et cultivés en France reste faible et socialement inégale. Économiquement, le cœur du logiciel, à savoir la mise en concurrence de nos agriculteurs avec ceux du monde entier, doit évoluer si nous voulons des résultats tangibles.

Cette refondation n'en est qu'à ses débuts. Depuis une dizaine d'années, le regard sur l'agriculture et l'alimentation change. Toutefois, nous n'avons pas encore dessiné collectivement les contours du modèle agricole de l'âge de raison. La vision globale fait défaut.

En matière commerciale, la fin des quotas sucriers en 2017, promue de longue date par la Commission européenne, montre que le combat idéologique pour limiter la concurrence internationale n'est pas encore gagné. À l'opposé, le blocage par la France de l'accord de libre-échange Mercosur entre l'Union européenne et les pays d'Amérique du Sud, dont l'une des conséquences prévisibles serait l'augmentation des importations de produits agricoles sud-américains[1] mérite d'être salué. L'entêtement de la Commission européenne, probablement appuyée par l'Allemagne, à continuer de vouloir le faire adopter malgré tout est éclairant sur les divergences stratégiques en matière de souveraineté alimentaire.

Côté offre, les pratiques agroécologiques progressent lentement. L'agriculture biologique se développe et représente 11 % de la surface agricole utile française[2], les pesticides les plus nocifs ont été interdits, la France dispose d'un deuxième plan Écophyto pour réduire l'usage des pesticides, la sécheresse de 2022 a débouché sur de premières mesures de réduction de l'irrigation, la transformation en biogaz des résidus agricoles progresse dans toute l'Europe. La PAC adoptée fin 2021 après d'âpres discussions à Bruxelles contient pour la première fois des aides spécifiques pour certaines pratiques agroécologiques (plantation de haies, prairies permanentes, etc.). Il y a un mouvement de bon sens.

---

1. Il est intéressant que la contrepartie principale ait été que les constructeurs européens obtiennent des facilités de construction d'usines en Amérique du Sud.
2. Ministère de l'Agriculture et de la Souveraineté alimentaire, Infographie, « L'agriculture biologique », *agriculture.gouv.fr*, juin 2023.

Côté demande, la promotion d'une nourriture qualitative progresse même si celle-ci cohabite de manière désordonnée avec la malbouffe et les publicités de snacking. Le Nutri-Score existe et apporte aux Français une information nutritionnelle sur environ un tiers des denrées qu'ils achètent; la publicité pour les produits alimentaires a été encadrée dans les programmes pour enfants; des campagnes de communication ont permis de réduire légèrement le gaspillage alimentaire. Plus en amont, la réduction de la consommation de viande fait désormais partie du débat public, ce qui aurait sans aucun doute fait sourire il y a dix ans. Le débat sur la nocivité des aliments ultra-transformés, encore cantonné à un cercle de spécialistes, s'amplifiera probablement dans les années qui viennent.

Incontestablement, le chemin parcouru depuis une dizaine d'années n'est pas négligeable. Toutefois le rythme reste insuffisant. La stratégie européenne *Farm to fork* adoptée fin 2021 entend accélérer la tendance. Les objectifs qu'elle recherche sont adéquats: qualité nutritionnelle, soutenabilité écologique et souveraineté alimentaire. Mais sans s'attaquer pleinement aux causes fondamentales des dysfonctionnements, je doute de ses résultats futurs. Les récents reculs sur l'obligation de jachère et la fin des subventions au gazole pour les engins agricoles à la suite des manifestations d'agriculteurs dans de nombreux pays européens traduisent à mon sens l'impossibilité de progresser en matière agroécologique sans toucher au cœur de la politique alimentaire européenne.

Ainsi, la stratégie européenne *Farm to fork* ne semble pas remettre en cause le principe d'un système à la fois très ouvert à l'international et très subventionné à travers la PAC. Côté aval, elle prévoit d'imposer un label nutritionnel sur les produits alimentaires, mais sa portée et son ambition restent incertaines compte tenu du poids que les lobbys exerceront lors des discussions parlementaires. Au-delà de ce label, aucune contrainte réelle ne semble envisagée pour orienter plus fortement l'acte d'achat des consommateurs.

Afin d'entrer pleinement dans l'âge de raison, je considère que des changements majeurs restent à mener. Ceux-ci ne pourront s'effectuer sans une adhésion forte de la population, ce qui suppose un débat public large sur la question de l'alimentation, à rebours des états généraux de l'alimentation des dernières années cantonnés aux représentants des professions. Nos volontés simultanées de prix bas, de qualité nutritionnelle, de pratiques agricoles plus vertueuses[1], de sauvegarde des agriculteurs français et de baisse d'impôts sont en effet en grande partie irréconciliables ! L'âge de raison suppose donc de faire un choix pour donner la priorité à certaines d'entre elles. Une consultation citoyenne, sous un format à définir, pour débattre du modèle alimentaire et de la répartition des efforts apporterait de la légitimité aux transformations difficiles mais nécessaires.

Atteindre une souveraineté alimentaire demeurera par ailleurs impossible tant que l'Union européenne n'agira pas pour réduire la pression concurrentielle des pays tiers sur nos

1. Il est par exemple notable que les attentes sur une meilleure condition de vie des animaux d'élevage se révèlent apolitiques et sont partagées par toutes les catégories d'électeurs.

agriculteurs[1]. Les instruments existent : historiquement, l'Union européenne disposait de quotas d'importation et de stocks centralisés pour réduire la pression concurrentielle et lisser la volatilité des prix. Ces deux mécanismes ont été supprimés au tournant du siècle, mais peuvent tout à fait être remis en place. Les clauses miroirs dans les accords de libre-échange, que les autorités françaises promeuvent depuis quelques années, constituent un deuxième instrument possible : elles consistent à interdire l'importation de denrées dont la production a fait appel à des pratiques interdites dans l'Union européenne. Par exemple, il serait impossible d'importer en Europe des fruits cultivés en Afrique du Sud à l'aide de pesticides interdits d'utilisation en Europe, quand bien même aucun résidu de pesticides ne se trouverait sur les fruits eux-mêmes. Si ces clauses miroirs peuvent paraître de bon sens, la France reste hélas relativement isolée à ce jour en Europe sur ce sujet. Leur mise en œuvre supposera aussi de parvenir à contrôler les pratiques en vigueur dans de nombreux pays, ce qui constitue très concrètement une forme d'extraterritorialité des règles européennes. D'autres instruments de moindre ampleur sont possibles si la volonté européenne s'avère insuffisante pour assumer un protectionnisme alimentaire : réduire les limites maximales de résidus de pesticides sur les produits

1. La conflictualité entraînée par les évolutions des pratiques agricoles récentes (fin du broyage des poussins mâles ou de la castration à vif des porcs, construction de bassines d'irrigation) montre à quel point chaque nouvelle norme entraînant un delta négatif de compétitivité par rapport aux concurrents internationaux pose une difficulté.

importés permettrait de réduire légèrement les importations. Renforcer les contrôles et la coordination entre autorités douanières européennes également. Élargir la future taxe carbone aux frontières[1] au secteur agroalimentaire pourrait aussi être efficace à condition de trouver un mécanisme d'application relativement simple.

La réduction de la pression concurrentielle internationale constitue également un préalable au basculement massif vers des pratiques agroécologiques. Comment espérer diminuer de 50 % l'usage de pesticides en Europe et consacrer 25 % de la surface agricole européenne à l'agriculture biologique si les produits agroécologiques sont en concurrence frontale dans les rayons des supermarchés avec des produits conventionnels importés bien moins chers ? À pression concurrentielle inchangée, il faudra gonfler de manière probablement insoutenable les subventions de la PAC[2] ou parier sur une rupture des comportements d'achats des Français et des Européens. Sur ce deuxième point, il me paraît illusoire qu'une majorité de consommateurs, mieux formés et éclairés par les labels, infléchissent leurs achats vers ces produits vertueux plus chers dès lors qu'ils peuvent choisir des produits bien moins chers issus

1. Appelé « mécanisme d'ajustement carbone » dans le jargon européen, il s'agit de taxer le contenu carbone de certains matériaux importés (comme l'acier et le ciment). Il entrera progressivement en vigueur à partir de 2026 et ne concerne que l'industrie lourde.

2. Une variante à la hausse des aides de la PAC consiste à abaisser la TVA sur les aliments labellisés agriculture biologique. Cette aide fiscale, qui a l'avantage de ne pas être une dépense publique, grève néanmoins tout autant le déficit public.

de pratiques conventionnelles[1]. Quant à espérer que le progrès technologique finira par rendre les pratiques agroécologiques aussi peu chères que les pratiques conventionnelles, il s'agit d'une gageure démentie par la réalité depuis vingt ans.

En sus de la réduction de la pression concurrentielle, des aides ciblées à la transformation des pratiques vers l'agroécologie sont judicieuses, tout comme les actions de formations et de promotions auprès des jeunes[2]. La PAC en prévoit de nombreuses et il serait trop long dans cet ouvrage d'en détailler le contenu et les possibilités

1. De manière humoristique et néanmoins sérieuse, la commercialisation des haricots est éclairante à ce sujet : dans les supermarchés cohabitent depuis quelques années des haricots rangés à la main dans des bocaux en verre (où l'on voit les haricots proprement rangés et entiers). Ils sont en majorité produits et rangés à la main en Afrique de l'Est (au Kenya notamment). À leurs côtés, dans les rayons, trônent des boîtes de conserve de haricots français : le drapeau français est visible, mais pas les haricots. À prix égal, combien d'entre nous préfèrent acheter les haricots bien rangés dans les bocaux en verre plutôt que des boîtes de conserve ? Le simple fait que les rayons soient dépourvus de bocaux de haricots français rangés à la main (donc avec le coût du salaire horaire français) n'est-il pas le signe de la faible propension à payer plus cher pour des produits plus qualitatifs ?

2. Je ne détaille pas les mesures de formations, de promotion auprès des jeunes, d'aides à l'installation ni les mesures destinées à diversifier les revenus des agriculteurs grâce à l'installation d'énergies renouvelables ou de développement du tourisme. Ces mesures existent, sont sans aucun doute perfectibles, mais il serait trop long d'entrer dans le détail fin des améliorations possibles.

d'améliorations incrémentales. Le seul point sur lequel je souhaite attirer l'attention concerne le besoin d'aides à la recherche et développement transformante : l'exemple récent de la jaunisse de la betterave, véhiculée par des pucerons, contre laquelle les dirigeants français ont dû se résoudre à réautoriser temporairement des insecticides néonicotinoïdes, laisse supposer que des efforts importants de recherche sont nécessaires pour trouver des substituts aux pesticides sans dégrader outre mesure les rendements. Sans ces efforts de recherche et développement, nous risquons fort d'être contraints de choisir dans quelques années entre Charybde (continuer à utiliser des pesticides faute de mieux) et Scylla (dégrader excessivement le rendement agricole et renchérir les prix au consommateur à des niveaux non acceptables).

Ces transformations de l'offre sont-elles en vue ? Les manifestations des agriculteurs français lors du mois de janvier 2024 expriment le ras-le-bol du monde agricole, la lassitude face à un système complexe aux injonctions contradictoires. Hélas, tant les demandes du principal syndicat agricole français (la FNSEA) que les réponses apportées par le gouvernement pour faire cesser rapidement les blocages routiers, traduisent l'impasse de raisonnement : gel du plan Écophyto, maintien des exonérations fiscales sur le gazole non routier, exception à l'obligation européenne de mise en jachère, halte aux surtranspositions, débureaucratisation et majoration des aides publiques, immission de l'État dans les négociations entre producteurs et distributeurs… Aucune de ces annonces n'est de nature à refonder le système, c'est-à-dire à rééquilibrer le triptyque consommateur-travailleur-citoyen actuellement au profit du consommateur et en défaveur du travailleur (l'agriculteur) et du citoyen (qui finance la PAC). Vilipender les normes environnementales et geler le plan de réduction des pesticides peut difficilement être considéré comme œuvrant à la préservation des biens communs ! Majorer un peu plus les aides publiques aux agriculteurs revient à valider la pression vers des prix de vente toujours plus bas ! Seul point positif à noter, la visite du président de la République à Bruxelles le jour des annonces afin de rappeler publiquement à la présidente de la Commission européenne l'opposition française au traité de libre-échange Mercosur et demander une protection accrue des agriculteurs européens via des clauses miroirs ainsi que des contrôles douaniers renforcés, face à la recrudescence de fraudes à l'importation. En complément sur ce sujet des accords de libre-échange, le rejet en mars 2024 par le Sénat français de l'approbation de l'accord avec le Canada (surnommé « CETA » pour *Comprehensive Economic and Trade Agreement* en anglais) traduit une dérive antimondialiste dont le sens est encore difficile à lire ; certains y voient, comme l'ont argumenté les sénateurs, le signe positif de rejet du libre-échange au nom de la protection du modèle agricole français et européen ; d'autres, auxquels je m'assimile, constatent que le CETA apparaît comme une mauvaise cible de critique, d'une part parce que le Canada est un allié géopolitique partageant largement nos normes sociales et environnementales et d'autre part, car les statistiques accumulées en sept ans d'application provisoire montrent que l'accord est favorable au monde agricole français et européen et que, fait notable, aucune sous-filière agricole ne semble significativement perdante (comme ce serait le cas pour le Mercosur avec l'élevage). Mieux vaudrait cibler des accords déjà ratifiés et consacrer du temps à repenser certaines dérives intra-européennes, qui conduisent aujourd'hui à ce que la PAC favorise l'augmentation de la taille des exploitations sans s'interroger sur le bien-fondé en matière de préservation des biens communs naturels et l'impact sociétal d'un tel choix. Les manifestations agricoles concomitantes dans de nombreux pays européens depuis le début de l'année 2024 et la recrudescence de mouvements de contestation radicaux contre les dérives du productivisme agricole telles que les mégabassines montrent que le contexte est incertain et agité. Amorçons-nous une inflexion vers un nouveau modèle de production agricole volontairement plus préservé de la concurrence internationale ou consacrerons-nous le système existant et ses excès ?

Côté demande, le chantier s'avère sans conteste plus diffus. Mieux informer les consommateurs constitue un prérequis. La prochaine mise en place d'un label nutritionnel européen obligatoire sur tous les produits alimentaires est à ce titre une bonne nouvelle. La généralisation de l'étiquetage de l'origine des produits, qui ne concerne aujourd'hui que les produits bruts comme les fruits et légumes ou la viande mais pas les produits transformés, irait également dans le même sens ; hélas cette généralisation n'est pas encore acquise. Mieux former les consommateurs constitue un deuxième prérequis. L'Éducation nationale sensibilise les enfants lors des repas à la cantine et lors d'animations pédagogiques. Mais la marge de progrès est notable, surtout au moment de l'adolescence lorsque l'individu acquiert progressivement ses habitudes alimentaires. Cette sensibilisation pourrait se poursuivre y compris lors de la vie professionnelle, avec par exemple possibilité de prescription d'un bilan de nutrition par le médecin du travail[1].

Si utiles que soient une meilleure information et formation des consommateurs, je ne pense pas qu'elles entraîneront à elles seules un changement massif des comportements d'achat vers des produits plus sains et agroécologiques. Des mesures incitatives et normatives plus structurelles vont s'avérer progressivement nécessaires pour orienter les comportements d'achats. À ce titre, la France est plutôt précurseur en ayant instauré en 2022 l'obligation dans les cantines de proposer 50 % de produits de qualité durable, dont 20 % issus de l'agriculture biologique. La taxe sur les boissons sucrées en vigueur depuis 2018 mérite également d'être saluée. Je suis convaincu qu'il sera nécessaire d'aller beaucoup plus loin ! D'une façon ou d'une autre, des bonus-malus selon la qualité nutritionnelle et agroécologique des produits vont devenir indispensables afin de combler l'écart de prix entre les produits conventionnels et les produits vertueux. L'équation s'annonce singulièrement plus compliquée qu'une légère taxe sur les boissons sucrées. J'imagine volontiers l'âpreté des débats et du poids des lobbys lorsqu'il s'agira de décourager la consommation de charcuterie, malusser la farine conventionnelle des grandes exploitations de la Beauce, soumettre la viande de bœuf à la taxation carbone, interdire l'élevage en cage… Mais je ne vois pas comment spontanément générer un

1. L'analyse des habitudes alimentaires fait partie des bilans de santé gratuits proposés à trois âges charnière de la vie.

basculement massif vers les protéines végétales, l'élevage en plein air, la production de farine bio, compte tenu de l'écart de prix et le poids des habitudes.

L'équité de tels bonus-malus pose une véritable difficulté. Inciter, voire imposer, des produits vertueux plus chers affectera en premier lieu le pouvoir d'achat des plus modestes. Sans compensation, cette approche entre en contradiction avec l'objectif de cohésion sociétale, et les Gilets jaunes ont montré l'impasse d'une telle approche. Travailler dès à présent à des mesures de redistribution, comme les chèques alimentaires bios, se révèle indispensable. Par ailleurs, malgré les difficultés, nous devons garder à l'esprit que les ménages modestes sont aujourd'hui les premières victimes de la malbouffe en matière de surpoids et d'obésité : comme détaillé dans le chapitre sur la santé, le tour de taille est en effet largement corrélé au niveau de vie et au niveau d'éducation. Si la transition vers des produits sains et agroécologiques pose une question d'équité, n'oublions pas que le point de départ actuel n'est lui-même pas équitable !

Pour réaliser l'objectif de mieux-vivre ensemble, une dernière série de mesures, sans doute aussi controversées, concerne la réduction à la source des mauvaises tentations. En d'autres termes, il s'agit d'encadrer la publicité pour certains produits (ultra-transformés, fortement sucrés ou gras, cultivés hors saison…). Je ne peux que déplorer l'absence d'un tel encadrement : comme pour l'énergie, le meilleur sucre est celui qu'on ne consomme pas ! Serions-nous plus malheureux de ne plus voir de publicités pour des chips à la télévision ou sur Internet ? Vivrions-nous moins bien s'il n'y avait plus de promotions sur les produits ultra-transformés dans les supermarchés ? De manière symbolique, mais qui montre l'ampleur de la transformation culturelle, nous pourrions imaginer que les distributeurs de chips et snacks présents dans de nombreuses gares et lieux publics soient remplacés par des distributeurs de fruits secs et autres produits plus sains…

L'ampleur de la transformation culturelle est majeure, j'en conviens. L'art de vivre à la française est tout simplement en jeu. Nous pouvons poursuivre l'américanisation de notre système alimentaire ou bien décider collectivement d'emprunter une autre voie, celle du mieux manger pour mieux vivre.

L'âge de raison : une transformation globale

Nous venons de décrire l'impact du changement de modèle de société en matière de santé, d'énergie et d'alimentation. L'âge de raison ne se limite pas à ces secteurs, et ce chapitre balaie les transformations d'autres pans de nos vies et de notre économie : l'industrie, la politique commerciale, l'éducation et l'information. Par souci de concision, le balayage reste rapide et n'est à prendre que comme le point de départ d'une réflexion plus élaborée.

Les mille visages de la réindustrialisation

Dès lors que l'autonomie stratégique devient une composante essentielle de notre société, la réindustrialisation s'impose comme une évidence et requiert un changement de paradigme.

À ce titre, force est de constater que les évolutions conceptuelles réalisées en une décennie sont impressionnantes ! Au début des années 2010, l'Union européenne restreignait fortement toute subvention à la création d'usines en Europe (aides d'État dites à l'investissement). Les aides à l'exploitation (aides d'État dites au fonctionnement) étaient interdites. La négociation d'accords de libre-échange dominait la politique commerciale européenne, et ce sans grande considération ni pour le caractère démocratique ou non des pays, ni pour les conditions sociales en vigueur. Au nom de ce libre-échange, c'est ainsi que les filières industrielles naissantes du photovoltaïque et celle plus mature des semi-conducteurs se sont délocalisées. Des dizaines d'autres également : matériels électriques, ustensiles en plastique, extraction et transformation de minerais et de métaux, aciéries, industrie du bois… La liste des secteurs autrefois florissants en Europe et aujourd'hui dominés par les industriels asiatiques est longue. La primauté accordée à la libre concurrence explique aussi que l'Union européenne n'ait pas cherché ou réussi à créer ses propres champions dans le numérique et ait laissé les GAFAM puis leurs clones chinois[1] capter le marché européen. Technologiquement, sur nombre de filières, l'Europe doit désormais se considérer comme un pays émergent[2] qui cherche à capter les savoir-faire chinois ou américains, avec la difficulté de ne posséder ni une main-d'œuvre à bas coût pour attirer

1. Il est communément admis que les autorités publiques chinoises ont proactivement favorisé l'émergence de leurs propres champions numériques.
2. Cette expression d'une Europe devenue un pays émergent sur le plan industriel est empruntée à Nicolas Dufourcq, directeur général de Bpifrance. Pris sous cet angle, l'Europe pourrait plus facilement prendre conscience de la nécessité de recourir à des outils protectionnistes, comme le fit si bien la Chine ces dernières décennies (non-respect du droit de propriété intellectuelle, subventions massives aux créations d'usines, accès au marché chinois réservé aux produits fabriqués en Chine, obligation de joint-venture avec un acteur chinois…).

spontanément les usines et les copier, ni le rayonnement culturel américain permettant de drainer les meilleurs cerveaux et des centaines de milliards de dollars de capital-risque. Philosophiquement, tel le maître de Hegel[1], nous avons délégué la fonction productive à un esclave asiatique jusqu'à ce que celui-ci prenne conscience de sa capacité à changer le monde et renverse le rapport de force. De jouisseur impotent de biens confectionnés par d'autres, nous devons réapprendre à fabriquer par nous-mêmes !

Cette période de laisser-faire industriel semble révolue sur le papier. Dans ses plans *Fit for 55*, *RepowerEU* et *Net Zero Industry Act*, la Commission européenne autorise désormais beaucoup plus largement les aides d'État pour la construction d'usines, notamment dans les secteurs de la transition écologique et du numérique. Indéniablement, une forme de réindustrialisation a lieu. Mais est-elle d'une envergure suffisante pour permettre d'atteindre l'autonomie stratégique ?

Tout comme la désindustrialisation fut un phénomène diffus, la réindustrialisation en cours ne se résume pas à la création de quelques *gigafactories*. Celles-ci, indispensables, ne sont que les points d'orgue et les catalyseurs d'un mouvement plus vaste. Autour d'une *gigafactory* gravitent en effet de multiples PME et ETI spécialisées qui agissent comme fournisseurs ou clients et participeront à la réémergence d'un tissu industriel.

1. Georg Wilhelm Friedrich Hegel, *Phénoménologie de l'esprit*, Paris, Vrin, 2018.

Dans un ouvrage de référence intitulé *La société hyper-industrielle*[1], le sociologue Pierre Veltz décrit la complexification de ce que nous dénommons l'industrie et l'importance pour un territoire de posséder des hubs, des écosystèmes autour de ceux-ci ainsi que des ressources éducatives et financières. Ce que nous appelons industrie entremêle de manière croissante les services et le numérique avec les étapes de fabrication et d'assemblage stricto sensu. Derrière chaque produit se cachent en effet des milliers d'heures d'ingénierie, du marketing, une chaîne logistique composée d'une myriade de sous-traitants, le traitement d'innombrables données de capteurs pour optimiser cette chaîne et le fonctionnement des machines, ainsi bien sûr qu'un ensemble de tâches transverses – contrôle qualité, compatibilité, finances, juridique – qui s'apparentent bien plus à des emplois de services et peuvent être pour partie externalisées (le *cloud* numérique favorisant cette externalisation). Hub, écosystème associé, ressources financières et éducatives forment le tissu industriel. S'il est possible pour quelques filières possédant un hub fort en Europe de délocaliser certaines étapes de fabrication hors d'Europe tout en gardant un écosystème vigoureux, Pierre Veltz souligne l'écueil du concept *fabless* en vogue au tournant du siècle ainsi que le mercantilisme naïf de l'Union européenne, qui n'a pas souhaité imposer de réciprocité à l'ouverture de son marché intérieur. Réaliste, il souligne également à quel point la profondeur des chaînes de conception et de fabrication rend désormais illusoire le retour à une forme

1. Pierre Veltz, *La société hyper-industrielle. Le nouveau capitalisme productif*, Paris, Seuil, 2017.

d'autarcie européenne grâce à une relocalisation massive. Si l'autarcie n'est ni envisageable, ni souhaitable, l'autonomie stratégique l'est ! Elle suppose de parvenir à revitaliser chacune des pièces du tissu industriel et pas uniquement de subventionner l'installation de giga-usines d'assemblage.

Cette recréation d'écosystèmes industriels, essentielle au succès de la réindustrialisation de l'Europe, n'est pas acquise.

Le versement d'aides d'État pour soutenir la création de *gigafactories* et l'implantation à proximité de PME et d'ETI représente indéniablement un progrès. Il s'accompagne, et c'est également bénéfique, de mesures de facilitation : identification de terrains propices, instruction plus rapide des permis de construire, formation de main-d'œuvre, baisse de taxes, etc. Ces mesures sont renforcées et majorées pour les secteurs stratégiques.

Malgré l'impact réel de ces mesures, je considère qu'il subsiste trois faiblesses : l'insoutenabilité budgétaire des aides d'État ; le besoin pour de multiples secteurs d'aides au fonctionnement ; la difficulté à réindustrialiser l'ensemble d'une chaîne de valeur. Ces trois faiblesses sont partiellement liées et déportent *in fine* le débat sur la politique commerciale européenne.

Dans un monde ouvert à la concurrence internationale et dans lequel par ailleurs certains pays soutiennent activement leurs industriels, octroyer des aides à l'investissement industriel est obligatoire pour préserver les standards sociaux et environnementaux européens. Toutefois, l'ampleur des subventions nécessaires pour réindustrialiser certaines filières stratégiques est colossale : pour chaque *gigafactory* de batteries, l'aide publique à l'investissement représente par exemple plusieurs centaines de millions d'euros. Pour l'usine de semi-conducteurs de STMicroelectronics et GlobalFoundries, l'aide publique avoisinera ainsi trois milliards d'euros[1], soit presque 50 euros par Français. Pour la décarbonation de l'aciérie d'ArcelorMittal à Dunkerque, le soutien public annoncé est de 850 millions d'euros, soit 12 euros par Français. Il ne s'agit ici que de deux fleurons parmi d'autres. Par ailleurs, autour de chacune de ces usines, le tissu de PME et d'ETI aura sans doute besoin également d'aides à l'investissement pour être compétitif.

Un tel niveau de soutien public à l'investissement est-il soutenable alors que la plupart des pays européens, et notamment la France, sont particulièrement endettés et que la remontée rapide des taux d'intérêt alourdit considérablement le poids de la dette publique dans le budget des États ? Une question d'équité se pose également, car certains États européens moins riches ou plus endettés que d'autres risquent de ne pas pouvoir apporter un soutien industriel suffisant et subiront alors une forme de rupture d'égalité par rapport aux autres pays européens.

L'équation financière se complique singulièrement si des aides au fonctionnement deviennent également nécessaires, ce qui est hautement probable pour de nombreuses filières. Dans la durée, le poids de l'amortissement initial de l'investissement dans la compétitivité d'une usine pèse en effet de moins en moins et c'est le coût de fonctionnement qui prime. Or, compte tenu de nos standards sociaux et

1. Marie-Amélie Mine, « L'État accorde près de 3 milliards à la gigafactory de STMicroelectronics et GlobalFoundries », *lejournaldesentreprises.com*, 5 juin 2023.

environnementaux, les coûts de fonctionnement européens sont souvent intrinsèquement plus élevés que les coûts chinois, indiens et a fortiori des pays émergents. Pour la filière photovoltaïque, technologie considérée comme stratégique pour laquelle les acteurs chinois sont aujourd'hui hégémoniques, la création d'une *gigafactory* de fabrication de panneaux solaires nécessiterait plusieurs centaines de millions d'euros d'aides à l'investissement, mais aussi tout autant d'aides au fonctionnement chaque année.

Ce cas emblématique n'a aucune raison d'être une exception. Si la production d'acier est à plus de 80 % localisée en Chine et que l'activité minière en Europe a quasiment disparu, la raison évidente est que ces activités à faible ou moyenne valeur ajoutée sont moins chères dans des pays moins avancés. Il est fortement probable que leur relocalisation, si elle est réellement souhaitée, suppose des aides au fonctionnement massives.

Les aides au fonctionnement, c'est-à-dire des aides publiques potentiellement perpétuelles, sont une gageure en matière de soutenabilité budgétaire. Elles sont par ailleurs encore peu acceptées dans leur principe par la Commission européenne, qui y voit un risque de distorsion de la concurrence entre pays européens.

Pour finir de compliquer l'équation financière, nous devons garder à l'esprit que le diable est souvent dans les détails en matière d'autonomie stratégique. Celle-ci requiert la maîtrise de l'ensemble des maillons de la chaîne industrielle d'une filière. Pour reprendre l'exemple des panneaux solaires, disposer d'une usine d'assemblage des panneaux revient à ne maîtriser que le dernier maillon de la chaîne. Si chaque composant reste fabriqué en Chine, la dépendance n'est que très peu réduite. La véritable autonomie stratégique dans le solaire suppose donc de remonter l'ensemble des maillons de la chaîne : fabrication des cellules et des lingots et, plus en amont, extraction et purification du silicium. L'extraction du silicium est aujourd'hui une activité minière très majoritairement réalisée en Chine, et il est peu probable que des carrières voient le jour en Europe. Sur ce maillon, l'Europe a donc pris le parti de diversifier l'approvisionnement, c'est-à-dire de soutenir la création de carrières de silicium dans des pays émergents « amis », ce qui pourrait d'ailleurs nécessiter un soutien public. Enfin, pour être pleinement autonome sur la filière solaire, il conviendrait aussi de produire les composants utilisés pour transformer l'électricité produite par les panneaux solaires en courant utilisable dans nos maisons : onduleurs, transformateurs, auxiliaires, etc. La plupart d'entre eux sont aujourd'hui largement assemblés en Chine et sont composés de dizaines de sous-composants eux-mêmes fabriqués pour la plupart en Asie.

L'exemple de la filière solaire traduit la complexité des chaînes industrielles et l'ampleur de l'équation financière à résoudre pour parvenir à une pleine autonomie stratégique. Après que beaucoup d'États, dont la France, ont abaissé l'impôt sur les sociétés et les impôts de production pour améliorer la compétitivité industrielle, ce mur d'aides à l'investissement et au fonctionnement apparaît très difficile à franchir quand bien même nous ferions le choix de ne cibler que quelques filières stratégiques et de privilégier autant que possible la diversification des approvisionnements plutôt que la réindustrialisation à marche forcée sur le territoire européen.

Ma perception est qu'il peut rapidement devenir un obstacle budgétaire infranchissable, ce qui oblige à déporter la question sur la politique commerciale. En effet, si les États européens ne sont pas en mesure financièrement de s'aligner sur les coûts des pays émergents, deux instruments protectionnistes restent possibles : une forme de taxation aux frontières ou des réglementations qui favorisent les produits *made in Europe*. L'*Inflation Reduction Act* américain s'est engagé dans ce sens ; dans son programme électoral Donald Trump promet, s'il est élu, la mise en place immédiate de droits de douane de 10 % sur tous les produits importés. L'absence de ciblage de sa proposition risque certainement d'en faire un outil contre-productif, mais démontre sans ambiguïté que la tendance outre-Atlantique n'est plus du tout à la mondialisation commerciale. Historiquement, l'Europe a toujours été rétive en matière de protectionnisme. Ce choix entre aides publiques massives ou protectionnisme est pourtant capital d'un point de vue philosophique : faut-il aligner le coût de production européen sur le coût chinois ou l'inverse ? Est-ce au contribuable européen de subventionner des usines ou au consommateur européen de payer plus cher pour la qualité sociale et environnementale européenne ?

Ainsi posée, la réponse semble assez simple, mais elle remet en cause plusieurs décennies de pratiques européennes centrées sur le consommateur et le pouvoir d'achat. Derrière cet arbitrage se joue donc un choix de valeurs : l'autonomie stratégique prendra-t-elle réellement le pas sur le consumérisme ? Dans le triptyque consommateur-travailleur-citoyen, le consommateur est-il prêt à fournir un effort au profit du travailleur et du citoyen ?

Dans un registre similaire, qu'il serait trop long de détailler dans ce livre, la réindustrialisation peut aussi entrer en conflit avec la préservation des biens communs. Réindustrialiser suppose en effet de disposer sur le territoire européen de foncier, de travailleurs, d'énergie et d'accepter une relocalisation de certaines pollutions[1]. Que se passera-t-il si ces ressources sont trop rares, et que le besoin de foncier pour la réindustrialisation entre en conflit avec la nécessité d'arrêter l'artificialisation des terres naturelles et agricoles ? Cet antagonisme commence à poindre, notamment sur la question du foncier et de l'acceptabilité locale : les discussions parlementaires en cours sur l'objectif de zéro artificialisation nette devraient ainsi aboutir à augmenter la possibilité d'artificialisation des terres pour des projets industriels[2]. Que ferons-nous si l'antagonisme devient trop fort, comme le suggèrent beaucoup de tenants de la

---

1. Olivier Lluansi, ancien délégué ministériel aux territoires d'industrie considère ainsi qu'il n'y a pas assez d'énergie, de main-d'œuvre qualifiée et de financement pour que la part de l'industrie dans le PIB français passe de 10 à 15 % en une décennie. En revanche, il estime possible de parvenir à une balance commerciale manufacturière positive en dix ans, à condition de mobiliser l'épargne des Français et de soutenir le *Mittelstand* français et non uniquement les *gigafactories*.
2. Les projets industriels d'envergure nationale ont ainsi été sortis de l'enveloppe maximum d'artificialisation des collectivités. Ce surcroît d'artificialisation lié à des nouvelles usines reste aujourd'hui heureusement très faible en termes de surface en comparaison à l'artificialisation venant des zones pavillonnaires et de leurs dépendances (zones commerciales en périphérie des villes, zones de loisirs, routes d'accès...).

décroissance ? Le président américain George H. W. Bush avait indiqué il y a une trentaine d'années que « le mode de vie américain n'est pas négociable », formule reprise par son fils quinze ans plus tard. Comment réagirons-nous si l'articulation entre autonomie stratégique et préservation des ressources suppose des bouleversements immédiats de notre cadre de vie ? Ce débat est encore largement à venir, mais se rapproche à en juger par les débats actuels sur l'allocation de la rente nucléaire : faut-il la flécher en priorité vers l'industrie lourde ou vers les particuliers ?

Le regretté économiste Philippe Martin, ancien doyen de l'école des affaires publiques de Sciences Po, résumait les choix délicats sous l'image d'un triangle d'impossibilité[1] : il est impossible à court terme d'atteindre les objectifs de réindustrialisation décarbonée, de préservation du pouvoir d'achat et de soutenabilité budgétaire. Historiquement, le choix fut de délaisser l'industrie. Depuis quelques années, l'effort de réindustrialisation brille à nouveau mais le choix semble être de laisser filer le déficit et la dette publique comme en témoignent les hausses spectaculaires des déficits publics français et américains[2], hausses qui ne relèvent plus pour l'année 2023 d'un effet post-covid. La pérennité de

1. Renaud Honoré, Nathalie Silbert, « Philippe Martin : "Le gouvernement repousse les choix stratégiques sur les dépenses, c'est un problème" », *lesechos.fr*, 6 octobre 2023.

2. Le déficit public français atteint 170 milliards d'euros en 2023, soit environ 2 500 euros par Français, contre 60 milliards d'euros en 2018. Aux États-Unis, le déficit public atteint 2 000 milliards de dollars, soit environ 5 500 dollars par Américain et 7 % du PIB, contre 1 000 milliards de dollars en 2018.

ce choix interroge dans un contexte de taux d'intérêt élevés et de chocs géopolitiques croissants. Une partie significative de la dette publique étant achetée par des investisseurs étrangers, il déporte aussi notre vulnérabilité stratégique dans la sphère financière à court terme. En cas de difficulté croissante par l'État à financer son déficit annuel, il interroge enfin sur la soutenabilité du modèle social, certaines aides aux ménages étant souvent les premières variables d'ajustement budgétaire.

Confronté à ce triangle d'impossibilité, l'âge de raison suppose un choix différent de celui effectué au tournant du siècle en défaveur de l'industrie. Et l'option récente en faveur de l'accroissement du déficit public ne pourra sans doute être que temporaire, au risque de s'avérer un remède pire que le mal. D'une façon ou d'une autre il faudra que le consommateur paie un peu plus cher : l'autonomie stratégique et la préservation des biens communs ne sont pas gratuits, mais procurent des bénéfices à long terme.

Faut-il enfin craindre la récession économique et la guerre avec une telle politique industrielle ?

Dresser des barrières douanières avec un pays comme la Chine semble à première vue un jeu dangereux susceptible de dégénérer en paralysie industrielle et économique. Combien de temps tiendrions-nous en cas de blocus maritime ? Sans même aller jusqu'à cet extrême, n'allons-nous pas tuer le peu de croissance restant en Europe en voulant limiter le commerce avec la première puissance industrielle mondiale ? L'avenir est par essence incertain, ces craintes ne peuvent être totalement dissipées. Toutefois, l'Histoire indique qu'au contraire l'affrontement entre blocs a été source d'émulation plutôt que de récession : la conquête spatiale aurait-elle été aussi rapide sans l'affrontement entre les États-Unis et l'Union soviétique ? L'informatique et Internet se seraient-ils développés aussi vite sans la guerre froide ? Plutôt qu'un affrontement récessif, une émulation similaire se dessine actuellement entre les États-Unis, la Chine et l'Europe pour maîtriser les technologies vertes ; la même émulation est aussi à l'œuvre concernant l'ordinateur quantique, l'intelligence artificielle et nombre d'autres technologies émergentes. Certes, cette émulation pourrait dériver en affrontement ; mais elle semble plutôt prendre la forme d'une alliance inconfortable et conditionnée : chacun cherche à accélérer son effort d'innovation et le déploiement des technologies sur son territoire, tout en restant dépendant des autres, car aucun des blocs ne maîtrise l'intégralité des technologies et des chaînes industrielles. La *pax mercatoria* vantée par nombre d'économistes est peut-être en train d'être supplantée par une nouvelle promesse : que le commerce raisonné entre blocs continentaux accélère le progrès et la préservation des biens communs !

La politique commerciale, talon d'Achille européen

La politique commerciale est une compétence exclusive de l'Union européenne. Comme décrit précédemment, l'ouverture commerciale aux autres économies a longtemps constitué l'objectif premier de la politique commerciale européenne.

L'Union européenne a ainsi signé une quarantaine d'accords de libre-échange depuis 1965 avec une accélération durant les années 1990. Elle constitue l'entité la plus prolifique au monde en la matière, les États-Unis n'étant signataires que d'une quinzaine. Fait notable, ces accords de libre-échange sont largement inconnus du grand public et de la plupart des dirigeants politiques français alors même qu'en parallèle les débats sur la désindustrialisation et le *made in France* ont cours depuis plusieurs décennies. Il est frappant également de constater que le contenu précis des accords n'est pas public et que les analyses économiques qui mesurent leurs impacts positifs et négatifs sont à la fois rares et centrées sur les incidences macroéconomiques sans prendre en compte l'impact en matière d'autonomie stratégie ni l'effet sociétal négatif de générer des « perdants » qu'il faudra accompagner dans leur reconversion et qui pour certains d'eux viendront nourrir le ressentiment à l'égard des élites. Cette situation pose un enjeu démocratique bien décrit par le député européen Raphaël Glucksmann[1] : avec la consécration du mythe de la fin de l'Histoire, l'Europe a choisi de dissocier largement le pouvoir politique et le pouvoir économique, confiant de plus en plus le pilotage de ce dernier à des entités éloignées de la démocratie directe comme la Commission européenne, la Banque centrale européenne, les administrations publiques nationales et européennes et les multiples agences et instituts gravitant autour. Le commerce représente sans doute le secteur où cette dissociation est la plus marquée.

Sans renier l'intérêt potentiel des accords de libre-échange, il est indéniable que les enjeux d'autonomie stratégique et de dépendance industrielle furent longtemps absents des négociations. La préservation du climat et des

1. Raphaël Glucksmann, *Les enfants du vide*, Paris, Allary, 2018.

biens communs également. Les tractations consistaient en un jeu à somme positive selon les économistes : l'Union européenne abaisse ses barrières douanières et non tarifaires sur un secteur donné ; en contrepartie le pays en fait autant sur un autre secteur d'ampleur équivalente. C'est ainsi qu'un abaissement de barrière douanière européenne sur les vélos importés de Chine a pu être proposé comme contrepartie d'un accès accru de certains composants chimiques européens au marché chinois. La meilleure allocation des facteurs de production résultant des pourparlers est alors, selon la théorie économique classique, créatrice de pouvoir d'achat, et donc de richesse.

L'avènement de l'âge de raison remet largement en cause la signature de nouveaux accords de libre-échange par l'Union européenne avec des pays aux valeurs éloignées des nôtres. Le projet d'accord de libre-échange avec la Chine, par exemple, qui faillit être signé avant l'épidémie de Covid-19, ne semble plus d'actualité. En 2019, Emmanuel Macron a aussi annoncé qu'il s'opposerait à la signature du traité de libre-échange avec le Mercosur (Brésil, Argentine, Paraguay, Uruguay, Venezuela). La négociation avait pourtant duré presque une dizaine d'années et sa non-conclusion fut vécue comme un reniement[1] outre-Atlantique. Si les pays d'Amérique du Sud ne sont pas des pays « ennemis », la non-signature traduit que la volonté européenne de plus grande autonomie stratégique suppose une production locale forte sur certaines filières, à commencer par l'agriculture.

1. De nombreux fonctionnaires européens œuvrent sans doute toujours à ce qu'il puisse être signé un jour, et attendent qu'une alternance politique se produise en France.

L'élection passée de Jair Bolsonaro et celle récente de Javier Milei invitent à la prudence : l'inertie des accords de libre-échange est considérable et le choix de nos partenaires commerciaux doit être réfléchi selon une stratégie de long terme mûrement réfléchie, au risque se retrouver dans la situation d'un commerce ouvert avec un pays dérivant dans le populisme, l'autoritarisme ou le climato-scepticisme.

S'il semble peu probable que de nouveaux accords de libre-échange soient signés prochainement avec des pays autres que des alliés proches, l'Union européenne doit malheureusement composer avec le poids du passé, c'est-à-dire les dizaines d'accords déjà signés !

Que faire des accords existants ? Faut-il les dénoncer ? Les renégocier ? Les laisser tels qu'ils sont ? La question fut posée lors des deux dernières campagnes présidentielles françaises, même si, rappelons-le, l'échelon de décision se situe au niveau européen. En pratique, la plupart des diplomates considèrent que le travail de renégociation serait colossal pour un résultat incertain. En pratique également, très peu d'autres dirigeants européens semblent enclins à opter pour la renégociation. La situation devrait donc rester figée en l'état et les renégociations s'effectuer au mieux au cas par cas.

Il s'agit d'une limite importante au nouveau pacte social, car l'autonomie stratégique et la cohésion sociétale se retrouvent en partie bridées !

Tant que la volonté européenne fait défaut pour renégocier ces accords commerciaux, ceux-ci s'appliquent et continuent de modeler les chaînes industrielles. Il est incontestable que la plupart d'entre eux ont contribué à accentuer les dépendances industrielles de l'Union européenne. Il est tout aussi manifeste que certains ont des effets néfastes sur l'environnement. Par construction, tout accord commercial signé par l'Union européenne contribue à la délocalisation de la fabrication des produits à faible valeur ajoutée vers des pays qui n'appliquent pas les mêmes standards environnementaux que l'Europe ; il revient donc à exporter, en l'augmentant, la pollution générée par ces activités de fabrication[1]. Si, à terme, la théorie économique prévoit une convergence de niveau de vie et de normes sociales et environnementales, cette convergence peut manifestement prendre des dizaines d'années, voire ne jamais se produire, comme la persistance de conditions de travail déplorables dans les usines textiles en Asie du Sud. A minima, ces considérations environnementales et sociales méritent d'être mises en regard de l'augmentation macroéconomique du niveau de vie induit par l'accord de libre-échange. Politiquement, il faut aussi s'interroger sur les conséquences sur la vitalité de nos institutions et la cohésion sociétale, dès lors que la population est majoritairement hostile à l'ouverture commerciale et que chaque accord diminue le pouvoir de décision des dirigeants politiques élus[2].

---

1. Ce raisonnement peut être tempéré à moyen et long terme par le fait qu'en augmentant la richesse des pays émergents, il leur donne accès à des technologies moins polluantes et les conduit à renforcer progressivement leurs normes environnementales et sociales.
2. Le traité sur la charte de l'énergie (TCE) est un bon exemple illustrant la perte de pouvoir des dirigeants politiques une fois un accord international signé. Ratifié en 1998, il vise à promouvoir la coopération dans le domaine de l'énergie. Il permet à un investisseur qui s'estime floué par une évolution des réglementations énergétiques nationales d'attaquer l'État pour obtenir des réparations. Le TCE a été invoqué par des acteurs de l'Oil & Gas à la suite des interdictions d'exploration et d'exploitation des gaz de schiste

Depuis quelques années, la situation évolue et les dirigeants français promeuvent notamment le concept de clauses miroirs : ne pas autoriser l'importation de produits si leur fabrication a fait appel à une pratique interdite dans l'Union européenne. Comme nous l'avons vu dans le chapitre consacré à l'alimentation, ces clauses conduiraient par exemple à ne pas importer de fruits ou de céréales ayant fait appel à des pesticides interdits dans l'Union, quand bien même aucun résidu de pesticides ne se trouve sur la denrée. Si de telles dispositions relèvent du bon sens, elles ne sont pas présentes dans les accords déjà signés, et leur insertion lors d'une renégociation est loin d'être acquise. Elles posent par ailleurs des difficultés de contrôle : comment savoir si les semences utilisées au Brésil pour faire pousser certaines céréales étaient enrobées d'un insecticide néonicotinoïdes interdits dans l'Union européenne dès lors qu'il ne subsiste pas de trace du pesticide sur la céréale mature ? Comment s'assurer qu'un plastique importé d'Asie a été fabriqué dans des conditions environnementales décentes, à défaut d'être totalement aligné avec les exigences Seveso européennes ?

Aussi longues à négocier et appliquer soient-elles, je considère que ces clauses miroirs constituent un impératif de l'âge de raison. Philosophiquement, elles tirent vers le haut les pratiques industrielles mondiales alors qu'une

---

et des fermetures de centrales à charbon, ce qui a freiné l'adoption des mesures et fait risquer à certains États de devoir payer plusieurs centaines de millions d'euros de réparation aux exploitants de ces moyens de production fossile. La France a engagé une procédure pour sortir du TCE ; il contient toutefois une clause de survivance de vingt ans pour les investissements déjà réalisés !

ouverture sans condition des frontières européennes aboutit à une forme de dumping social et environnemental[1] : pour accéder au marché européen, les industriels des pays étrangers devront pratiquer des normes de production proches des pratiques européennes. Concernant certains secteurs stratégiques pour lesquels l'Europe est désormais un pays émergent face à la domination chinoise ou américaine, des mesures plus radicales encore sont possibles et même nécessaires, mimant celles mises en place par la Chine depuis trois décennies : obligation de production en Europe pour accéder au marché européen, obligation de partenariat avec un acteur européen, transfert de savoir-faire et de technologie... sans ces mesures fortes de rattrapage technologique, revenir dans la course risque d'être tout bonnement impossible compte tenu de l'avance prise par les acteurs en place et par l'intensité capitalistique des efforts d'innovation !

Le mécanisme d'ajustement carbone aux frontières (MACF) constitue un *proxi* de clause miroir qu'il paraît indispensable de soutenir tout en le réformant en profondeur car sa version actuelle risque malheureusement de s'avérer contre-productive. Poussé depuis le début de la décennie 2010 par la France, il consiste à taxer certains produits importés en Europe pour leur appliquer le prix du carbone en vigueur à l'intérieur de l'Union européenne. Ce mécanisme, qui relève du bon sens, permet ainsi

1. Selon les théories économiques, ce *dumping* est temporaire. Mais la durée de cette période temporaire peut être de plusieurs décennies, voire infinie si la convergence économique ne se produit pas.

d'éviter une distorsion de concurrence néfaste à la fabrication en Europe : une tonne d'acier européen doit en effet payer pour les émissions de gaz à effet de serre induites par sa fabrication[1] alors qu'une tonne d'acier importée de Chine n'était jusqu'à présent soumise à aucune taxation carbone. Hélas, la version actuelle du MACF se limite à quelques produits bruts, comme les métaux : une tonne d'acier étrangère importée sera soumise au MACF, mais un produit sophistiqué incorporant de l'acier, comme une voiture, n'y sera pas soumis. Si ce choix apparaît logique pour maintenir un niveau de complexité acceptable, il risque de s'avérer contre-productif : comme la plupart des matières premières ne sont plus produites dans l'Union européenne, le MACF dans sa version actuelle renforcera l'incitation économique à les transformer et les assembler hors de l'Union européenne pour ensuite importer le produit fini en Europe (le produit fini ne sera pas soumis au MACF) plutôt que d'effectuer les étapes de transformation et d'assemblage en Europe (la matière première sera soumise au MACF à son entrée dans l'Union européenne et les usines de transformation et d'assemblage seront soumises au prix du carbone européen). Alors que le MACF est sur le point d'entrer pleinement en vigueur, il y a urgence à reconsidérer son périmètre d'application ; certes, cela le complexifiera grandement car il

1. Pour pallier cette distorsion de concurrence l'Union européenne a introduit les quotas carbone gratuits, permettant aux usines européennes de certains secteurs comme l'acier de s'exonérer d'une grande partie du prix du carbone… vidant ainsi de sa substance le marché du carbone européen.

est difficile d'estimer l'empreinte carbone d'un produit fini comportant parfois des centaines de composants. Mais laisser le mécanisme en l'état revient à s'éloigner des buts recherchés, qu'il s'agisse d'établir un *level playing field*, de renforcer la réindustrialisation ou de donner un signal-prix carbone équitable entre production domestique et importations. Dit autrement, la version actuelle risque d'affaiblir l'autonomie stratégique et la cohésion sociétale !

Il existe enfin un autre argument d'ordre philosophique pour remettre en cause le bien-fondé des accords de libre-échange tels qu'ils ont été négociés ces dernières décennies. Il est en lien avec la préservation des biens communs : est-il pertinent d'un point de vue de la soutenabilité écologique de faire voyager sur des dizaines de milliers de kilomètres des produits que l'Europe sait produire, afin d'en abaisser le prix final de quelques pourcents ? Jusqu'à la fin des années 1970, notre continent était largement autosuffisant sur des catégories de produits aussi variés que les jouets ou l'acier. Aujourd'hui largement délocalisés en Asie, chacun de ces produits voyage 10 000 kilomètres pour rejoindre l'Europe. Dans le chapitre sur l'énergie, j'ai rappelé que l'ensemble de l'activité économique a pour but de déplacer de la matière (y compris les personnes) : à l'heure où nous nous heurtons aux limites planétaires, est-il pertinent d'importer du soja du Brésil et des jouets depuis la Chine pour en baisser légèrement le coût de production ? Cette question est latente dans les débats sur la sobriété, c'est-à-dire l'organisation de l'économie pour consommer le moins possible de ressources[1]. Elle percute frontalement la théorie commerciale en vigueur car elle remet en cause la suprématie théorique de la mondialisation : l'optimum conciliant commerce, préservation des biens communs et autonomie stratégique serait ainsi être un commerce essentiellement interne à une plaque continentale avec des flux restreints, maîtrisés et choisis vers d'autres plaques continentales « amies ».

En matière commerciale, tout indique que l'âge de raison sera radicalement différent du libre-échange du tournant du siècle !

Mobiliser le consommateur au service de l'intérêt général.

Chacun d'entre nous est à la fois un consommateur, un travailleur et un citoyen[2]. De ces trois visages, le modèle social de la fin du XXe siècle a clairement privilégié le consommateur, et s'est évertué à le dissocier des deux autres.

1. À l'heure actuelle, rappelons que le kérosène et le fioul maritime, en vertu de traités internationaux, ne sont pas taxés et ne peuvent l'être, ce qui montre l'ampleur du changement de paradigme à mener.
2. Ce triptyque est de portée générale. Il existe évidemment des exceptions légitimes : personnes handicapées, chômage subi, etc. Les retraités forment par ailleurs une catégorie spécifique : ils ne sont plus des travailleurs tout en restant citoyens et consommateurs. Nous analysons à cette aune dans le chapitre sur la démographie l'impact du vieillissement de la population.

Un des enjeux clés de l'âge de raison consiste à réconcilier nos trois visages : en d'autres termes, nos achats quotidiens doivent être (re)mis au service de la cohésion sociétale, de l'autonomie stratégique et de la préservation des biens communs.

Au premier ordre, inciter à l'achat de produits *made in France* ou *made in Europe* résume bien l'enjeu. Au deuxième ordre, il s'agirait ensuite de regarder, au sein d'un panel de produits similaires, ceux qui présentent le meilleur bilan carbone ou qui s'appuient sur des chaînes de fabrication plus vertueuses socialement ou environnementalement.

Pour y parvenir, une des conditions nécessaires, mais loin d'être suffisante, est d'informer correctement et suffisamment le consommateur au moment de son choix. À l'évidence, et comme détaillé aux chapitres sur l'agriculture et la santé, cette information est aujourd'hui largement lacunaire. De fait, le modèle économique de la fin du XXe siècle s'est appliqué à éloigner le plus possible le consommateur des conditions de fabrication des produits qu'il achète, voire à occulter la vérité. Cet éloignement est sans doute autant subi que souhaité par le consommateur. Pour paraphraser un célèbre proverbe, notre relation aux délocalisations dans des produits à bas coûts pourrait s'exprimer ainsi : « Cachez ces ouvriers miséreux et cette pollution que je ne saurais voir ! »

Le mouvement vers une meilleure information du consommateur est amorcé. Le label *made in France*, le Nutri-Score, le carbone score, l'affichage de l'étiquette énergie sur les appareils électriques et les véhicules neufs, l'annonce par le gouvernement d'un Ecoscore pour les vêtements[1], les applications de type Yukka et l'indice de réparabilité marquent un mouvement irréversible vers une meilleure information du consommateur afin qu'il puisse orienter ses achats vers les produits vertueux pour le bien commun.

Si le mouvement est amorcé, et la France est sans doute le leader en la matière, il est loin d'être abouti. Le Nutri-Score reste facultatif, le label *made in France* a été concurrencé et dilué par nombre de labels privés moins exigeants, le carbone score reste une expérimentation à petite échelle et l'indice de réparabilité ne concerne qu'une gamme restreinte de produits électriques et électroniques.

Jusqu'où aller sans tomber dans l'écueil du délire technocratique ? Et que peut-on espérer de l'affichage environnemental et géographique en matière de modifications des comportements d'achat ?

La réponse me paraît à la fois simple et complexe. Simple d'un côté grâce à la généralisation et l'obligation d'affichage du Nutri-Score, du carbone score et de l'indice de réparabilité : ils s'appuient sur des méthodologies éprouvées, ayant fait l'objet de plusieurs années de dialogue, et qu'il sera possible de raffiner en fonction des retours d'expérience. Compliqué de l'autre, car cette généralisation n'épuise pas le sujet : que faire en matière de services ?

1. Dénommé Ecobalyse, il s'agira dans un premier temps d'une démarche volontaire avant une possible généralisation sous forme d'obligation d'affichage. Ecobalyse s'appuie sur le calcul de l'analyse du cycle de vie du vêtement auquel seront agrégés quelques autres paramètres (durabilité, relargage de particules toxiques lors du lavage…).

Quelle information apporter au consommateur pour les produits complexes ? Quelles mesures complémentaires prendre lorsque le différentiel de prix entre un produit vertueux et son homologue à bas coût est si important qu'il rend improbable tout changement de comportement par une simple meilleure information ?

Mieux informer le consommateur a indéniablement un impact positif et permet notamment de mobiliser les achats réalisés par les ménages aisés au service de l'emploi français et européen et des produits écologiques. Ce n'est pas l'alpha et l'oméga, en particulier lorsque les produits vertueux sont significativement plus chers que les homologues traditionnels. C'est pourquoi, en plus de la généralisation de l'affichage géographique et environnemental, il sera indispensable de déployer progressivement un système de bonus-malus environnemental et géographique sur certaines gammes de produits. À ce titre, je salue avec enthousiasme la décision récente du gouvernement de moduler le bonus-malus à l'achat de véhicules électriques selon l'analyse de cycle de vie de la voiture. Cette approche peut être répliquée à d'autres secteurs : pompes à chaleur, panneaux solaires, textiles, meubles, téléphones et équipements audiovisuels, produits alimentaires… Combinée à une meilleure information du consommateur, elle permettrait de réconcilier nos comportements d'achat avec les trois valeurs du contrat social du XXIe siècle : préservation des biens communs en privilégiant les produits écologiques, autonomie stratégique en favorisant la localisation en France et en Europe des produits essentiels, cohésion sociétale en mobilisant nos achats en faveur des travailleurs et du modèle social européen.

En toile de fond, il s'agit d'un changement de vision des dirigeants européens sur l'accès au marché européen. À rebours de la théorie néolibérale que sous-tendait le mythe de la fin de l'Histoire et qui prônait la spécialisation de l'Europe sur les services et produits à haute valeur ajoutée et la délocalisation des produits à bas coûts, l'âge de raison consiste à sécuriser sur son territoire la fabrication de produits essentiels et stratégiques, fussent-ils à faible valeur ajoutée. Un tel changement de paradigme ne se comprend qu'à l'aune de la valeur implicite accordée à l'autonomie stratégique, à la cohésion sociétale et à la préservation des biens communs. Il traduit une nouvelle version du commerce international telle que je l'ai décrite au chapitre précédent : commercer avant tout avec des pays alliés partageant nos valeurs et pénaliser les flux physiques avec les blocs antidémocratiques[1]. Ce choix, selon le triangle d'impossibilité énoncé par l'économiste Philippe Martin, entraîne un « prix à payer », qui devra être supporté soit par le consommateur à travers un renchérissement du prix d'achat, soit par les finances publiques

1. Certains pourraient opposer que découpler les économies européennes et chinoises peut conduire à la guerre. Cette théorie de la mondialisation au service de la paix était pertinente au XXe siècle lorsque les puissances occidentales dominaient le monde. Elle paraît surannée aujourd'hui ; compte tenu de notre dépendance économique à la Chine pour fournir des biens aussi essentiels que l'acier, les composants électriques et électroniques, une grande partie des plastiques et des biens de consommation courante, que ferions-nous en cas d'invasion de Taïwan ou d'acte de guerre envers un membre de l'OTAN, et combien de temps serions-nous en mesure de combattre ?

à travers le versement de subventions aux usines relocalisées. De manière allégorique, il est possible d'y voir le prix de l'autonomie stratégique, voire le prix de la liberté, au sens de la liberté d'un peuple à pouvoir exprimer et défendre ses valeurs sans être entravé par sa dépendance à un pays tiers !

La démographie, frein à l'avènement de l'âge de raison

La société française et européenne vieillit. La génération du baby-boom arrive massivement à l'âge de la retraite ; ayant eu en moyenne environ deux enfants par couple, leurs enfants ne sont pas plus nombreux et par voie de conséquence le ratio actif/inactif se dégrade. La natalité étant partout en baisse en Europe, y compris désormais en France, il y a peu d'espoir que les petits-enfants du baby-boom viennent progressivement améliorer la tendance. Quant à l'immigration, si elle peut théoriquement venir renflouer le nombre d'actifs, la réticence de la population s'avère particulièrement forte et prend de plus en plus la forme d'un refus net compte tenu de l'échec en matière d'intégration des précédentes décennies.

Bien sûr, il faut se réjouir de l'espérance de vie élevée des baby-boomers. Jamais dans l'histoire européenne une telle longévité n'avait été atteinte ! Assurément, et comme souligné dans le chapitre sur la santé, il s'agit d'un marqueur fort du mieux-vivre ensemble !

La baisse du ratio actif/inactif entraîne toutefois de nombreuses limitations. La plus connue, largement documentée, porte sur le financement de notre modèle social et en premier lieu des retraites et de la dépendance.

Contrairement à d'autres, notre pays a choisi un modèle par répartition où les actifs d'aujourd'hui financent les retraites d'aujourd'hui. Une plus faible proportion de travailleurs signifie donc moins de personnes pour financer plus de pensions de retraite. Comme la démographie est une science largement prévisible, ce déséquilibre est identifié de longue date et a donné lieu à plusieurs mesures : mise en place d'un fonds de réserve pour les retraites, allongement de la durée du travail – qui permet à la fois d'augmenter le nombre d'actifs et de diminuer le nombre d'inactifs –, décote pour les pensions de retraite très élevées, augmentation des cotisations patronales – voie désormais exclue car conduisant à dégrader la compétitivité et donc à handicaper la réindustrialisation. La récente réforme des retraites, votée difficilement fin 2023 et dont la mesure emblématique consistait à reculer l'âge légal de départ à la retraite, démontre que nous atteignons les limites de la capacité des actifs d'aujourd'hui à contribuer au financement des retraites de leurs aînés. Alors que le niveau de vie moyen des retraités est supérieur au niveau de vie des actifs, il y a fort à parier que la prochaine mesure, qui aurait d'ailleurs dû par équité accompagner l'augmentation de la durée du travail des actifs, sera de désindexer légèrement les pensions de retraite, sauf les plus basses.

Le but de cet ouvrage n'est pas d'analyser en détail le financement des retraites et de la dépendance. En revanche, il est intéressant d'analyser en quoi il constitue l'exemple d'un biais plus vaste et inquiétant sur la capacité à parvenir à l'âge de raison.

Par définition, un retraité n'est plus un travailleur. Il reste naturellement un consommateur dont le pouvoir d'achat est supérieur en moyenne à celui de la population active. Il reste également un citoyen dont l'assiduité aux élections est aujourd'hui nettement supérieure aux jeunes générations et dont le vote porte proportionnellement davantage sur des candidats prônant l'ordre, la sécurité et d'une certaine façon le statu quo. De fait, le vieillissement de la population déséquilibre le triptyque consommateur-travailleur-citoyen au profit du consommateur et d'un citoyen peu adepte des grandes transformations[1]. Exactement l'opposé du mouvement vers l'âge de raison !

Le vieillissement de la population handicape aussi l'autonomie stratégique et la préservation des biens communs. Les personnes âgées, qui détiennent en France et en Europe la majorité de l'épargne, investissent en effet préférentiellement dans des supports peu ou pas risqués comme l'immobilier et les assurances vie. L'espérance de vie élevée entraîne parallèlement le recul de l'âge des successions – beaucoup de Français hériteront de leurs parents lorsqu'ils seront déjà vieux – entretenant ainsi une captation de l'épargne vers des supports peu risqués qui ne financent pas l'innovation et la réindustrialisation ! Ce blocage de l'épargne freine aussi la transition écologique car elle prive nombre de jeunes actifs des moyens financiers pour réaliser les investissements indispensables comme isoler son logement, acheter un véhicule électrique, installer des panneaux solaires. À bien des égards, la transition énergétique

1. Sans qu'il soit possible de le démontrer, cette situation peut expliquer pourquoi les gouvernements successifs ne se sont pas risqués à prôner la désindexation des pensions de retraite et ont préféré augmenter la contribution des actifs.

consiste en effet à substituer un flux régulier d'énergies fossiles – du gaz ou du fioul pour se chauffer, du pétrole pour se déplacer – par un investissement élevé dans un équipement qui permettra d'éviter ce flux d'énergie fossile (isolation des bâtiments) ou de le remplacer par un flux d'énergie naturelle gratuite (soleil, vent, chaleur du sol). L'insuffisante capacité d'investissements des actifs a conduit la puissance publique à imaginer de nombreux mécanismes pour tenter de réunir le financement nécessaire: certificat d'économie d'énergie, subvention MaPrimRénov, bonus-malus écologique à l'achat d'un véhicule électrique, tiers investissement dans la rénovation lourde, etc. Chacun de ces mécanismes présente des limitations fortes à sa généralisation au premier rang duquel l'insoutenabilité budgétaire. En regard de ces limitations, l'épargne est actuellement très abondante et parvenir à avancer significativement l'âge de transmission du patrimoine permettrait de la mobiliser pleinement au service de la transition écologique.

Ainsi, et de manière paradoxale, la volonté sincère de nos aïeuls de transmettre un patrimoine à leurs enfants et petits-enfants aboutit actuellement, par le choix de couples rendements/risques sécurisés et d'une transmission tardive, à ralentir la transformation vers l'âge de raison et le mieux-vivre ensemble.

Cette situation n'est pas irrémédiable. D'abord, il ne tient qu'aux jeunes générations d'être plus assidues lors des prochaines élections. Ensuite, les personnes âgées ne sont pas insensibles au besoin de transformation de la société et nul doute qu'un grand-parent souhaite le meilleur pour ses enfants et petits-enfants. À ce titre, nos aînés disposent d'une ressource qui fait souvent défaut aux actifs:

du temps ! Il leur est ainsi théoriquement plus aisé de chercher des produits français, d'analyser les étiquettes pour trouver des produits plus écologiques, de s'engager dans des associations… c'est-à-dire d'œuvrer à une consommation plus responsable et à la cohésion sociétale. Le passage de la théorie à la pratique mérite sans aucun doute une sensibilisation particulière : les retraités ne sont pas aujourd'hui des consommateurs plus vertueux que le reste de la population ; en revanche, ils sont davantage engagés dans la vie associative, le taux de participation à une association culminant entre 60 et 70 ans à 44 % contre 30 % pour les actifs[1]. Concernant enfin l'épargne, des dispositifs de transmission précoce existent et peuvent tout à fait être renforcés : rien n'empêche d'imaginer un mécanisme de succession partielle à 70 ou 80 ans qui permette de transmettre son patrimoine à ses enfants et petits-enfants à l'exception d'une fraction de réserve pour financer ses dernières années de vie. Alors que beaucoup de retraités ont l'impression de ne plus servir à rien et d'être mis de côté, l'âge de raison offrirait alors un but citoyen à la retraite : profiter de la vie qui reste tout en contribuant au mieux-vivre ensemble !

La démographie vieillissante de notre continent génère un deuxième frein en matière d'autonomie stratégique, potentiellement majeur et plus difficile à combler : l'insuffisance de main-d'œuvre ! Aux États-Unis, le taux de chômage est actuellement proche de 4 à 5 %, seuil que la plupart

1. Note de François Jeger pour le Conseil d'orientation pour les retraites, « La vie associative des retraités », *cor-retraites.fr*, 9 juillet 2013.

des économistes considèrent comme le plein-emploi[1]. En dépit de cet excellent taux d'activité, les Américains consomment beaucoup plus qu'ils ne produisent et accumulent des déficits commerciaux et budgétaires massifs. L'écart est tel qu'il ne peut pas être comblé à court terme par un surplus de productivité lié à l'innovation ou par une réallocation des facteurs de production. Dit autrement, les États-Unis ont besoin de la main-d'œuvre des pays étrangers, et notamment asiatiques, pour fabriquer une part importante des produits qu'ils consomment, faute de disposer de la main-d'œuvre pour les produire eux-mêmes. Tout semble indiquer que le raisonnement décrit pour les États-Unis s'applique en partie à l'Europe et à notre pays. La France, et c'est heureux, a vu son taux de chômage baisser ces dernières années pour atteindre 7,5 %, soit 2,3 millions de Français selon la méthodologie du bureau international du travail. Si nous parvenions à l'abaisser à 5 %, un peu plus d'un million de Français supplémentaires travailleraient. Le PIB par habitant étant de 35 000 euros environ, cette main-d'œuvre additionnelle pourrait créer en première approximation un surplus de PIB de l'ordre de 40 milliards d'euros, ce qui est considérable… mais inférieur au déficit public et au déficit commercial annuels respectivement de 173 milliards et 100 milliards d'euros ! Certes, ces calculs sont très approximatifs et ne forment en

1. Une partie relativement incompressible de la population en âge de travailler ne pouvant pas le faire à cause de différents facteurs (maladies, handicap, difficultés personnelles) à laquelle s'ajoute le temps minimum à une personne sans emploi pour en retrouver.

aucun cas une démonstration rigoureuse. Mais ils laissent clairement entendre que notre niveau de consommation est structurellement supérieur à notre capacité de production de plein-emploi ! Ce déséquilibre provient en partie du trop faible ratio actif/inactif lié au vieillissement de la population. Nous sommes donc à court terme dépendants de pays étrangers pour fabriquer une partie de nos biens de consommation. Cette dépendance, qui nuit évidemment à l'autonomie stratégique, peut être grandement atténuée dans la durée. La main-d'œuvre française peut être focalisée sur les secteurs les plus stratégiques ; pour les autres, l'approvisionnement peut être assuré préférentiellement par des pays alliés partageant nos valeurs. À l'échelle d'une décennie, il est également possible de réduire l'intensité en main-d'œuvre par unité de richesse et de faire décroître des usages superflus : la prévention, l'économie circulaire, la sobriété, la robotisation des lignes de production et l'évolution des modes de consommation vers des services plutôt que l'achat de biens neufs participent à cette réduction.

En résumé, la démographie française, implacable, démontre l'impératif de mobiliser le consommateur au service de l'autonomie stratégique. Tant que nous perdurerons dans une attitude consumériste libre-échangiste, le déséquilibre du triptyque consommateur-travailleur-citoyen induit par le vieillissement de la population nous condamne à une forme de dépendance économique[1].

1. Le déficit commercial des uns étant l'excédent des autres, le maintien d'un solde commercial structurellement déficitaire condamne notre pays à ce que des investisseurs étrangers

L'éducation au service de l'ascenseur social

L'Éducation nationale est indéniablement un pilier de notre pacte social et en particulier de la cohésion sociétale. Toutefois, comme nous l'avons vu, ce pilier s'est affaibli ces dernières décennies, d'une part avec une baisse relative du niveau des élèves français par rapport aux élèves d'autres pays, mais surtout par l'affaiblissement considérable de l'ascenseur social : la France figure parmi les pays d'Europe où la réussite scolaire et professionnelle dépend le plus du niveau d'éducation et de vie des parents[1]. Si le pourcentage d'élèves quittant le système éducatif sans diplôme a nettement décru depuis les années 1970 et s'établit aujourd'hui à 8,2 % (contre 40 % début des années 1980), soit 100 000 jeunes[2], la majorité des décrocheurs se concentre dans les quartiers difficiles et dans les couches sociales défavorisées.

Les raisons sont multiples : absence de mixité sociale, fuite des classes aisées vers l'enseignement privé, augmentation du nombre d'élèves par classe, baisse du niveau de recrutement des enseignants, affectation des jeunes professeurs dans les zones d'éducation prioritaire, baisse de l'implication et du niveau d'exigence des parents, remise en

---

acquièrent progressivement la possession de certains biens (immobiliers, entreprises...) situés en France ou détiennent une part croissante d'obligations de l'État français si le solde commercial est financé par le déficit public.

1. « Scolarité, éducation et inégalités de destin », *insee.fr*, 2020.
2. « En quarante ans, la part de jeunes sortant de l'école sans diplôme a été divisée par cinq », *observationsociete.fr*, 18 janvier 2021.

cause des classes de niveaux, défiance croissante d'une partie de la population envers les symboles de la République, hausse des inégalités permettant aux familles favorisées de pouvoir payer des cours particuliers à leurs enfants…

Cet affaiblissement éducatif obère le mieux-vivre ensemble : il nuit à la cohésion sociétale et à l'autonomie stratégique. Il réduit notre capacité à maintenir notre modèle social et notre niveau de vie. Dans un monde ouvert, et quand bien même nous parviendrions à cibler les échanges avec des pays partageant nos valeurs, il existe en effet une forme de triangle d'impossibilité entre un taux de chômage bas, un revenu minimum élevé et un système éducatif faible. Dit autrement, maintenir l'État providence avec des résultats éducatifs qui décrochent revient à vivre au-dessus de ses moyens et ne peut qu'être un espoir déçu. Espérer réindustrialiser notre pays sans redresser le niveau d'éducation et l'attrait pour les sciences est impossible dans un monde où les efforts de recherche et développement constituent un maillon essentiel de la transformation industrielle.

Depuis quelques années, je note avec satisfaction que l'éducation, et particulièrement sa capacité à éviter la reproduction sociale, est redevenue un thème prioritaire. Il ne l'était plus depuis longtemps, ce que les statistiques de dépenses publiques montrent tout particulièrement : depuis quarante ans nous avons bien plus préféré, consciemment ou non, investir dans les retraites que dans les dépenses d'éducation ; la dépense publique d'éducation est passée de 4,3 % du PIB en 1980 à 3,7 % aujourd'hui alors que les dépenses de retraite augmentaient en parallèle de 6 % du PIB… Certes, tout ne se résume pas à l'ampleur de la dépense publique, sinon la France serait première sur de nombreux aspects. Le nombre de retraités a ainsi augmenté avec le vieillissement de la population, ce qui mécaniquement conduit à verser plus de pensions de retraite rapporté à la production nationale. Mais il reste indéniable que ces chiffres peuvent être corrélés à l'augmentation du nombre d'élèves par classe, au manque d'attractivité salariale du métier d'enseignant et à la vétusté d'une partie des bâtiments d'enseignement.

La hausse récente du budget de l'Éducation nationale, et à travers lui, la hausse du salaire des enseignants et des investissements pour rénover certains bâtiments scolaires et en faire des vitrines écologiques, va dans le bon sens. Au titre des satisfactions, il faut noter également une volonté de diversification des méthodes d'enseignement, en laissant plus de liberté aux enseignants et en remettant sur le devant de la scène certaines orientations professionnalisantes. À rebours des propos de certains syndicats hostiles à tout système de quotas maximum d'élèves par formation, je considère qu'il est important d'orienter les élèves vers les formations ayant une forte employabilité, et a minima de les informer sur le taux d'emploi en sortie de la formation qu'ils envisagent afin qu'ils puissent décider en connaissance de cause. Ce point revient à considérer que la liberté individuelle à « choisir sa voie » mérite d'être plus encadrée pour être cohérente avec les besoins de la société. Nous retrouvons à travers cet exemple l'écart de vision entre l'âge de raison et le tournant du siècle sur la notion de liberté individuelle : choisir sa voie professionnelle est une liberté individuelle certes, mais qui ne saurait constituer un pur choix individuel excluant de prendre en considération les besoins globaux de la société.

Je note aussi avec satisfaction la volonté d'augmenter la part variable dans le salaire des enseignants de manière à valoriser ceux qui sont les plus impliqués et qui acceptent des tâches supplémentaires. Cette mesure n'est que le reflet de pratiques en vigueur dans la plupart des entreprises privées[1].

Le renforcement récent du volume d'heures consacrées aux mathématiques et aux sciences constitue également une évolution positive. Développer l'esprit critique et le raisonnement logique – ce que la philosophie permet également – s'avère précieux à l'heure du relativisme scientifique et de la surinformation. Compte tenu du poids de l'innovation et des technologies dans nos sociétés, renforcer la proportion de carrières scientifiques et techniques présente aussi un avantage en matière de réindustrialisation et plus largement d'insertion professionnelle.

Pour aussi positives qu'elles soient, je considère que ces mesures ne suffiront pas à remettre en marche l'ascenseur social et la cohésion sociétale. Il n'est pas possible de dresser en quelques pages une liste de mesures apportant une réponse globale, et je n'ai pas la prétention d'avoir une vision exhaustive sur un sujet aussi vaste que l'éducation ; je me contente donc de présenter deux mesures ciblées sur les pratiques d'enseignement, qui illustrent l'ampleur des changements restant à accomplir. Je considère également que des

1. Accorder des bonus selon la performance est bien sûr par nature toujours partiellement subjectif et il existe un risque que le manager pratique « la note de gueule ». Mais je ne vois pas de raisons qui conduiraient à un arbitraire majoré dans l'Éducation nationale par rapport à une entreprise privée.

transformations importantes sont à opérer sur le rôle éducatif des parents, la relation entre parents et professeurs, et la régulation de l'utilisation des réseaux sociaux et des écrans – le temps qui leur est consacré quotidiennement par les adolescents atteignant des proportions inquiétantes.

La première porte sur l'affectation des enseignants. Bien que des primes favorisent l'implantation des professeurs expérimentés en zone d'éducation prioritaire (ZEP), force est de constater que ce sont encore majoritairement aujourd'hui de jeunes diplômés qui y sont assignés. Affectés par défaut, et n'ayant pas suivi de formations adaptées pour gérer des classes difficiles, beaucoup y restent jusqu'à accumuler suffisamment de points pour obtenir une mutation dans un établissement plus calme. La probabilité est alors très élevée qu'ils s'y sédentarisent définitivement : les jeunes diplômés de la génération suivante, faute de mouvements dans les établissements calmes, seront affectés dans les ZEP, perpétuant le système. Ce mécanisme engendre une iniquité au détriment des enfants défavorisés : il aboutit en effet à ce que les professeurs les moins expérimentés enseignent aux élèves qui ont le plus de lacunes…

En entreprise, une telle situation consisterait à confier les rênes d'une filiale en difficulté (activité déficitaire, problèmes managériaux, produits dysfonctionnels, mauvaises pratiques et soupçon de corruption…) à un jeune cadre fraîchement diplômé. Impensable dans le monde privé, il en est ainsi pour l'éducation de nos enfants !

Bien sûr, la ségrégation spatiale reste la première cause du problème. C'est parce que le marché de l'immobilier concentre progressivement les personnes à faibles revenus dans les mêmes quartiers que des ZEP existent et que des émeutes violentes de jeunes contre les symboles de la République y surviennent sporadiquement. Lutter contre la ségrégation spatiale constitue la mesure la plus efficace sur le long terme, et à ce titre je salue les incitations existantes à ce que chaque ville, y compris favorisée, comporte 30 % de logements sociaux; mais l'inertie de l'urbanisme et les forces en présence sont fortes et tout changement significatif prendra a minima une décennie, sous réserve que les villes les plus riches jouent le jeu. À court terme, le facteur sur lequel il est possible de jouer est l'affectation des enseignants, ce qui, dans un contexte de pénurie de vocations et de tensions sur le marché du travail, relève d'une gageure. Forcer des enseignants quarantenaires ou cinquantenaires à déménager pour s'établir en ZEP semble inenvisageable. La seule possibilité que je perçois est de jouer sur le levier financier et celui de la progression de carrière, c'est-à-dire d'augmenter considérablement les primes pour les enseignants chevronnés acceptant d'enseigner en ZEP, et de prévoir une évolution de carrière favorable (devenir principal de collège par exemple ou avoir une possibilité d'évolution au bout de quatre à cinq ans pour être muté dans l'établissement de son choix). En cas de contraintes budgétaires fortes, le levier financier peut impliquer d'abaisser légèrement le salaire des enseignants établis dans des zones favorisées[1]. Je suis conscient qu'il s'agit d'une mesure sans

1. Plus exactement, dans le contexte actuel d'inflation élevée et de faible attractivité des métiers éducatifs, il s'agirait d'augmenter proportionnellement moins les salaires des professeurs situés dans des zones favorisées, plutôt que de baisser en valeur absolue leur rémunération.

doute explosive pour le corps enseignant ; toutefois, elle me semble pertinente dès lors que nous nous fixons la cohésion sociétale comme une valeur cardinale de notre modèle de société.

La deuxième mesure consiste à remettre en vigueur les classes de niveaux par établissement. Annoncée par le gouvernement à l'automne 2023, elle consiste ni plus ni moins à revenir sur un dogme établi depuis vingt ans selon lequel il est préférable au sein d'un établissement de mélanger les élèves pour ne pas stigmatiser les élèves moyens ou mauvais en les « isolant » dans des classes spécifiques. Par le passé, des classes de niveaux ont existé, assumées ou implicites par le jeu des options. Sans elles, un bon élève d'un établissement standard (et notamment rural) a une probabilité plus faible de poursuivre un parcours d'études supérieures qu'un élève de niveau similaire se trouvant dans un établissement favorisé. Sans aller jusqu'à dire qu'il est tiré vers le bas, il a simplement moins de chances d'exploiter pleinement son potentiel, et ce d'autant moins si son environnement familial n'est pas en mesure de le conseiller[1]. En sus des classes de niveaux, de classes de double niveau (CP/CE1, CM1/CM2) pourraient aussi être déployées plus largement. Les

1. Pour les très bons élèves de ZEP, il existe des passerelles pour aller dans des établissements favorisés. Cette approche, qui est positive, reste toutefois limitée et pose un problème de méthode et de philosophie : elle acte que, pour réussir, un bon élève de ZEP doit la quitter ; elle se heurte également à des difficultés logistiques (temps de transport, internat). Il semble plus logique de ramener un enseignement de haut niveau dans les ZEP grâce aux classes de niveaux que de proposer aux bons élèves de déménager dans un établissement favorisé.

expérimentations menées démontrent de bons résultats sur l'entraide ainsi qu'une amélioration de l'acquisition des connaissances.

Évoquer des classes de niveaux renvoie à la notion d'égalité et au sens que nous mettons collectivement derrière ce terme. L'égalité consiste-t-elle à ce que chaque élève d'un établissement, qu'il ait des facilités ou des difficultés, suive le même enseignement ? Consiste-t-elle à exploiter au maximum le potentiel de chacun en distinguant tôt l'enseignement reçu par chacun, par exemple avec des classes de niveaux ?

Le modèle du tournant du siècle a largement promu à mon sens la première approche (sauf pour les élèves handicapés ou les élèves en très grande difficulté avec la création des SEGPA[1]) avec un résultat médiocre en matière d'ascenseur social. À l'âge de raison, je propose donc d'une certaine façon de revenir à la méritocratie éducative des Trente Glorieuses.

Les symboles républicains au service de l'âge de raison

Lors de l'épidémie de Covid-19, nous avons accepté de fortes contraintes sur nos libertés individuelles : nous sommes restés confinés, nous avons porté un masque, nous nous sommes testés en cas de symptômes puis isolés en cas de résultat positif… Lors de l'hiver 2022-2023, nous avons collectivement réagi face au risque de pénurie d'énergie et nous sommes parvenus à abaisser notre consommation

1. Acronyme de section d'enseignement général et professionnel adapté.

d'énergie d'environ 10 % alors même que les prix de l'électricité et du gaz avaient été figés par le bouclier tarifaire.

Lors de ces deux occasions récentes, nous avons donc éprouvé notre rôle de citoyen : nous avons réalisé un effort individuel pour le bien collectif ! Pourquoi y sommes-nous parvenus alors qu'au quotidien tout geste citoyen comme acheter français, trier correctement ses déchets ou voter semble si difficile ? La réponse semble nette : nous avons eu peur ! Qu'il s'agisse de la pandémie ou de la guerre en Ukraine, nous nous sommes sentis vulnérables et nous avons ressenti que seul le collectif pourrait apporter une réponse d'ampleur suffisante pour nous protéger. Nous avons éprouvé à nouveau notre condition d'homme fragile, destiné au néant, là où le quotidien nous habitue au sacre de l'individu.

Dans le triptyque consommateur-travailleur-citoyen, le citoyen reprend donc encore le dessus dans les moments tragiques. Un jour notre *passionata* pour nous-mêmes deviendra peut-être telle qu'elle compromettra cette capacité d'action collective dans les moments décisifs. Tout sera alors marchand, calculé pour notre propre plaisir et la sphère politique se limitera alors certainement à un spectacle d'orateurs ayant très largement délégué ses pouvoirs à d'autres (technocrates, entreprises). Nous serons devenus pleinement « les enfants du vide » selon le titre du livre de Raphaël Glucksmann. Notre imaginaire et notre récit national seront alors uniquement véhiculés par les grandes marques commerciales, comme le laisse craindre Raphaël LLorca dans son livre *Le roman national des marques*[1].

1. Raphaël LLorca, *Le roman national des marques*, La Tour-d'Aigues, l'Aube, 2023.

Ce jour n'est pas arrivé et c'est heureux ! Comment s'en prémunir ? Comment faire éprouver au quotidien à chacun le sens et le devoir d'être aussi un citoyen, c'est-à-dire de s'extraire de soi pour viser l'intérêt général ? Comment éviter le désintéressement pour le collectif ? Comment retrouver un sens moral lorsque le quotidien, banal, glorifie l'individu, que le capitalisme actuel commande aux riches de rester cupides et aux individus de consommer autant que possible ?

Historiquement, la religion a joué un rôle moral structurant dans le quotidien des Français, une sorte de matrice du bien et du mal complémentaire aux devoirs républicains. Dans son ouvrage principal *De la démocratie en Amérique*, Alexis de Tocqueville insiste sur le risque de dérive vers l'amour du bien-être et des jouissances matérielles que le défaut d'autorité religieuse et l'égalité démocratique peuvent générer, dérive qui selon lui peut conduire *in fine* au retour du despotisme[1]. Dans son livre *Des lieux qui disent*, Édouard Philippe évoque la fonction morale passée de la religion en France et l'écarte pour l'avenir, constatant que notre société est désormais sécularisée. En guise d'alternative, il évoque la nécessité de recréer des symboles républicains pour faire éprouver à nouveau le devoir citoyen et la fierté de participer au bien-être collectif. Emmanuel Macron, candidat puis président de la République, abonde dans le même sens, évoquant la généralisation du Service national universel (SNU), la mise en place de cérémonies de remise de diplômes à l'école, le port de l'uniforme, la

1. Alexis de Tocqueville, *De la démocratie en Amérique*, t. 2, Paris, Flammarion, 2022, p. 31, 34 et 163.

réforme du brevet pour en refaire un examen sanctionnant le passage au lycée. D'autres forces politiques de droite et d'extrême droite partagent ces mesures. Seule la gauche dite radicale y semble hostile, marquant sa priorité en faveur des libertés individuelles et sa méfiance envers les symboles d'autorité.

Force est de constater que la République exige peu de nous et qu'elle n'est ni visible, ni sensible au quotidien. Nous devons certes payer nos impôts, nous abstenir de contrevenir à la loi, scolariser nos enfants… mais guère plus. En pratique, il est difficile d'éprouver son statut de citoyen. Il est notable que la puissance publique n'exige rien en matière de consommation responsable et qu'aucun dirigeant politique ne prône avec force « l'achat français » comme une exigence citoyenne minimale pour tous ceux qui en ont les moyens[1]. Inversement, tous abondent en faveur de la défense du pouvoir d'achat. Alors que la participation aux élections décroît, aucune solution n'est esquissée par les partis de gouvernement et aucun ne prône de rendre le vote obligatoire. Le service militaire, sans doute le symbole républicain le plus fort[2], s'est arrêté à la fin du siècle précédent. Avec le temps, et c'est normal, la force

1. Nombre de dirigeants politiques indiquent bien sûr souhaiter que les Français achètent plus de produits français et européens, mais ce souhait ne dépasse pas véritablement le stade du vœu pieux. Il n'est pas articulé avec la volonté – récurrente celle-ci – de défense du pouvoir d'achat.

2. Demander à un retraité de raconter un événement marquant en lien avec la citoyenneté et il est fort probable qu'il évoque son service militaire ou la sévérité de son « maître d'école ».

symbolique des cérémonies annuelles des armistices des deux dernières guerres mondiales s'estompe sans qu'aucun autre événement rappelant les possibilités tragiques de l'Histoire ne s'y substitue. Enfin, malgré la baisse progressive dans les classements PISA, il a fallu attendre le début de la décennie 2020 pour entendre des discours sur l'indispensable rôle éducatif des parents, c'est-à-dire une forme d'exigence sociale et morale qu'en tant que citoyen nous avons le devoir d'éduquer au mieux nos enfants.

En parallèle de ce recul des symboles républicains, l'archipellisation de la France progresse, le communautarisme revient et la crise de la représentation politique atteint un point haut[1]. Il est difficile de ne pas y voir une corrélation bien que la relation de cause à effet soit sans doute impossible à démontrer. Ce constat rappelle que nationalité et identité peuvent différer : avoir la nationalité française ne signifie pas se sentir français ni éprouver un sentiment d'appartenance à un collectif, une nation. Plus inquiétant, au-delà du communautarisme et du rejet de l'identité française, qui restent heureusement des phénomènes minoritaires, la disparition du sacré ne semble pas avoir été comblée par un nouveau vecteur de sens. Ma génération est peut-être la première à éprouver ce que signifie vivre dans une société sans but ou ayant comme but la maximisation du plaisir individuel. Certes, il n'est pas question que la République remplace le sacré : toute

1. Sondage Ipsos, « Une crise de la représentation politique plus forte que jamais », avril 2020 ; note de Simon Guillouet pour la Fondation Jean-Jaurès, « La demande d'autoritarisme politique en France », mars 2023.

idéologie politique qui s'érige en vérité et devient sa propre fin aboutit en général au tragique[1]. Mais elle ne peut être banalisée au point qu'une majorité de Français préfèrent partir en week-end plutôt que d'aller voter.

La (re)création de symboles républicains apparaît dès lors comme une condition nécessaire du renforcement du citoyen dans le triptyque consommateur-travailleur-citoyen. Condition nécessaire mais non suffisante : ces symboles n'auront d'effets significatifs que s'ils sont ancrés dans une vision et une action plus globale, telle que celle décrite dans ce livre. Croire que le port de l'uniforme ou la généralisation du SNU suffira pour que tous les jeunes de France se sentent pleinement français est une illusion. Croire qu'ils permettront une amélioration des apprentissages et des savoirs également. En tant que symboles, leur vocation consiste à donner corps et à rendre visible un mouvement de fonds plus diffus et plus immatériel que nous décrivons à travers l'âge de raison. Inversement, si le mouvement vers l'âge de raison n'est pas pleinement engagé, ni pleinement explicité, il est à craindre qu'ils finissent par nourrir le rejet des élites en apparaissant comme des exigences indues venant de dirigeants déconnectés des réalités[2].

---

1. Le communisme, le nazisme, l'idéologie des Khmers rouges constituent des exemples emblématiques. Le populisme, dans son sens propre de satisfaire les désirs instantanés du peuple quels qu'ils soient, peut s'apparenter aussi à une idéologie dangereuse car excluant toute morale et toute possibilité de contestation.
2. Ce rejet apparaît d'autant plus probable que les profils des dirigeants politiques et administratifs continueront à être aussi peu représentatifs de la population. L'éloignement de nombre de

Ces symboles peuvent être variés. La célébration du 14 Juillet, y compris le défilé militaire et le feu d'artifice, en est un. La généralisation du Service national universel constitue sans doute le symbole nouveau le plus fort, une forme de rite de passage à l'âge adulte. Les cérémonies de remise de diplômes sur le modèle américain peuvent permettre de rappeler l'importance de l'éducation dans le succès individuel et collectif. Le port de l'uniforme à l'école également, s'il n'est pas trop fortement contesté par les parents qui eux-mêmes auront connu une éducation sans uniforme. Si les symboles républicains possibles semblent nombreux durant l'enfance et l'adolescence, période où se forment les convictions et le rapport au collectif, il est frappant de constater l'absence de proposition à l'âge adulte. Quels symboles républicains imaginer durant la période de la vie active puis au moment de la retraite ? Cette question est fondamentale car ce sont les actifs et les retraités d'aujourd'hui qui influent sur le monde des prochaines décennies à travers leur travail, leur mode de consommation, leurs choix électoraux et leur participation au monde associatif. Une formation civique obligatoire devrait-elle être imposée à 40, 50 puis 60 ans dans le cadre du compte personnel de formation ? Une obligation de participer à une activité associative pendant plusieurs mois ? Un simple rappel – par mail ou par courrier – des principales actions attendues de nous comme citoyen (isoler sa maison, acheter un véhicule électrique, s'impliquer dans l'éducation de ses enfants, prévenir la dégradation de sa santé, participer à la

---

Français avec la sphère politique résulte en partie d'une crise de la représentation politique.

vie associative) ? Faut-il parallèlement renforcer les *nudges* quotidiens en faveur de comportements jugés vertueux pour la collectivité ? Faut-il chercher à créer ou amplifier d'autres manifestations collectives annuelles dans les lieux publics, par exemple en organisant un gigantesque ramassage de déchets en bordure des routes lors de la Journée mondiale de l'environnement afin de souligner l'impératif de préservation des biens communs naturels ? Toutes ces questions renvoient à la valorisation des actions au profit des « communs » sociaux et écologiques. Une chose est sûre : hormis en temps de crise, la parole performative des dirigeants politiques ne fonctionne plus pour inciter à une modification des comportements.

Quels que soient les symboles républicains retenus, ils auront un coût de mise en œuvre qui devra être supporté à court terme par la puissance publique (donc nous-mêmes en tant que contribuables) ou par une baisse du pouvoir d'achat. Ce coût immédiat mérite d'être mis en regard des économies à long terme induites par une meilleure cohésion sociétale. Ce bouclage est sans doute très difficile à évaluer d'un point de vue économique. À certains égards, il faudra sans doute considérer que la citoyenneté n'a pas de prix. Là, réside sans doute une difficulté : faute d'avoir connu un monde où elle aurait disparu, nous avons peine à imaginer que la démocratie puisse disparaître et qu'on doive la défendre et la promouvoir au quotidien. Nous nous plaignons de ses imperfections comme d'un carcan alors qu'un regard lucide hors d'Europe devrait susciter un sentiment de fierté et d'appartenance collective : dans quel pays extra-européen éprouverions-nous plus de fierté à vivre ?

Pour une politique publique d'accès à une information de qualité

En seulement trois décennies, le numérique a transformé nos vies et nos manières de travailler. Internet, mails, présentations Powerpoint, achats en ligne, réseaux sociaux, vidéos en ligne, conception 3D, applications de rencontres et de covoiturage, et plus récemment logiciels d'intelligence artificielle… Aucun de ces outils et activités du quotidien n'existait il y a trente ans !

Il est donc logique que les gouvernements récents octroient au numérique un portefeuille ministériel dont les tâches principales consistent à fédérer un réseau d'entrepreneurs (la fameuse « *French Tech* »), coordonner les investissements dans les infrastructures numériques (attribution des fréquences 4G et 5G, déploiement de la fibre optique), attirer les investissements des géants du numérique et réguler certains usages (consentement des données, sécurisation des transactions en ligne).

En revanche, malgré le poids croissant du numérique dans notre quotidien et dans notre manière de nous informer, il n'existe aujourd'hui pas de ministre de l'Information ou de la qualité de l'information. Compte tenu de la liberté de la presse et de la liberté d'expression, un tel portefeuille soulèverait sans aucun doute moult critiques d'opposants accusant le gouvernement de vouloir museler les médias et restreindre l'information accessible pour *in fine* nous conduire vers la censure et un régime dictatorial.

Certes, cette critique n'est pas totalement infondée en théorie. Mais elle ne doit pas occulter un risque nouveau induit par le numérique et qui me paraît de magnitude plus forte : la désinformation et l'incapacité à accéder à une information de qualité.

Ce risque est d'ores et déjà partiellement avéré. Il ne résulte nullement d'une restriction d'information ou d'une censure par les dirigeants politiques, mais au contraire d'une profusion d'information librement accessible. La surinformation entraîne un risque de désinformation.

Il est incontestable que la quantité d'information accessible par chacun d'entre nous a considérablement augmenté en une décennie grâce à Internet et aux applications numériques. Tout indique par ailleurs que cette quantité continuera d'augmenter à un niveau soutenu, si ce n'est exponentiel, dans les années qui viennent. Une grande partie de ces informations, et plus généralement des données, est émise par chacun d'entre nous à travers les réseaux sociaux, ainsi que par des influenceurs. Une autre partie sera générée prochainement par des intelligences artificielles[1]. La presse papier et les journaux d'information télévisés du 20 heures, caractéristiques du tournant du siècle, ont été remplacés par une profusion d'information numérique.

Cette abondance améliore-t-elle la qualité de l'information dont nous disposons en tant que citoyens ? À l'heure

1. Il convient de rappeler qu'une intelligence artificielle ne fait que placer des mots les uns à la suite des autres en regardant statistiquement, parmi les millions de documents qui lui a servi de base de données d'apprentissage, quelle est la suite de mots statistiquement la plus probable. Une intelligence artificielle, contrairement à un être humain, ne comprend pas ce qu'elle écrit et ignore le sens et la véracité des propos qu'elle génère.

des *fake news*, des tentatives d'ingérence lors des élections et de la montée de populistes égrenant des contre-vérités manifestes, nous ne pouvons plus esquiver le risque de la désinformation et de la manipulation à des fins populistes, idéologiques ou mercantiles. Aussi paradoxal que cela puisse paraître, trop d'information peut nuire à la qualité de l'information et au contrat social du XXIe siècle.

Il ne s'agit pas de nier l'apport du numérique en matière d'accès à l'information. Bien utilisé, et avec le recul nécessaire, le numérique rend accessible une multitude d'informations pertinentes et permet à tout un chacun d'apprendre, de s'informer, de se divertir. Mais comme toute technologie, un usage inapproprié ou dévoyé peut générer un risque et provoquer du mal-être.

Mieux-vivre ensemble suppose en effet deux prérequis qui sont bousculés aujourd'hui par le numérique : d'une part la prééminence de la science sur le reste de l'information ; d'autre part, un prisme de lecture des événements suffisamment partagé entre Français. Dit autrement, la connaissance scientifique constitue un bien commun qui peut être affaibli par la profusion d'information ; la cohésion sociétale suppose un prisme de lecture relativement convergent – qui se rapproche du concept de récit national commun – que les algorithmes de ciblage et les tentatives d'ingérence peuvent mettre à mal. La nécessité d'un prisme commun de lecture n'est pas une notion nouvelle : dans son livre *De la démocratie en Amérique*, Alexis de Tocqueville décrit l'importance des journaux pour « déposer au même moment dans mille esprits la même pensée », « leur nécessité croissante à mesure que les hommes sont plus égaux et l'individualisme plus à craindre » et va même jusqu'à affirmer « qu'ils maintiennent la civilisation »[1].

À rebours des personnalités politiques exprimant leur inquiétude que le pouvoir politique fasse main basse sur les médias[2] et muselle la liberté d'expression, je considère que le risque de désinformation liée à l'excès d'information est aujourd'hui d'un ordre de grandeur supérieur et mérite une action publique spécifique. Il peut aboutir à installer le populisme en France, à désagréger progressivement la cohésion sociétale jusqu'à mener à une forme de guerre civile. Il peut aussi contribuer à faire régresser le patrimoine intellectuel des Français en les ancrant dans l'émotion et l'instantanéité et en érodant leur capacité d'objectivation. Or, si la dissémination des *fake news* est régulièrement dénoncée dans le débat public, force est de constater que la prise de conscience reste faible et les actions de remédiation plus encore.

Il y a pourtant urgence et les signaux d'alerte sont visibles. Pour ne donner que quelques exemples : 41 % des adultes et 60 à 70 % des moins de 25 ans déclarent s'informer

1. Alexis de Tocqueville, *De la démocratie en Amérique*, 2022, *op. cit.*

2. L'accaparement des médias par des milliardaires paraît actuellement un risque supérieur à une mainmise hypothétique par les dirigeants politiques. Vincent Bolloré détient Canal+, CNews, C8, Europe 1, *Le Journal du dimanche* (*JDD*), *Paris Match* et les éditions Fayard ; la famille Dassault *Le Figaro* ; Bernard Arnault *Les Échos* et *Le Parisien* ; Rodolphe Saadé *La Provence* ; Daniel Kretinsky, *Libération*.

principalement via les réseaux sociaux[1]. La confiance dans la vaccination est parmi les plus basses des pays de l'OCDE : en 2019, avant l'épidémie de Covid-19, un Français sur trois considérait que les vaccins ne sont pas sûrs[2], un sur cinq qu'ils ne sont pas efficaces et un sur dix qu'il n'est pas utile de vacciner les enfants[3] ; une étude réalisée en 2018 par l'IFOP sur dix théories du complot usuelles montre que quatre Français sur cinq croient à au moins une de ces théories et qu'un Français sur trois croit dans au moins quatre d'entre elles[4]. Ce pourcentage est corrélé au niveau social et d'éducation. Plus récemment, l'ingérence numérique orchestrée contre la France par la milice Wagner dans les pays africains montre que l'espace numérique s'apparente à un terrain de combat et d'influence aux conséquences majeures[5].

---

1. Peggy Baron, « 41 % des Français s'informent via les réseaux sociaux », *ladn.eu*, 28 octobre 2022, et Thomas Leduc, « Face au développement des réseaux sociaux, comment les jeunes s'informent-ils aujourd'hui ? », *letudiant.fr*, octobre 2023.
2. Heureusement, en dépit de ces réticences, les Français continuent pour l'instant à se faire vacciner puisque le taux de couverture vaccinale relatif aux vaccins obligatoires ne baisse pas. Le Covid-19 a infléchi temporairement la couverture vaccinale, mais celle-ci semble revenir au niveau prévalant avant l'épidémie.
3. Jean-Michel Gradt, « Vaccins : les Français sont les plus sceptiques au monde », *lesechos.fr*, 19 juin 2019.
4. « 79 % des Français croient au moins à une "théorie du complot" », *lefigaro.fr*, 7 janvier 2018.
5. Ces lignes sont écrites quelques mois après le retrait des forces armées françaises du Niger, les putschistes ayant pris le pouvoir souhaitant congédier la présence française dans leur pays.

En matière de circulation de l'information, les outils numériques actuels me paraissent porter trois caractéristiques potentiellement néfastes : le nivellement de l'information qui conduit à ce que la parole d'un scientifique soit mise au même niveau que l'opinion d'un citoyen lambda ou d'un pseudo-expert ; l'instantanéité de l'information et son corollaire d'amnésie informationnelle ; le sensationnalisme qui conduit par exemple les chaînes d'information en continu à rechercher les images chocs et les influenceurs à jouer sur nos émotions pour mieux nous convaincre[1]. Combinées ensemble, ces trois caractéristiques favorisent la déresponsabilisation : puisque la virulence n'est pas sanctionnée et qu'il est toujours possible de trouver quelqu'un partageant la même opinion, fût-elle extrême, tout peut être dit sans conséquence. Lorsque toute parole se vaut, la contestation d'une vérité scientifique devient possible sans provoquer de tollé. L'assaut contre le Capitole aux États-Unis et les émeutes au Brésil lors de l'élection du président Luiz Inácio Lula da Silva montrent qu'il est même possible de rallier en quelques heures des dizaines de milliers de personnes pour contester le résultat d'élections démocratiques.

Comment maintenir ou restaurer une information de qualité dans ces conditions ? Comment se (re)doter de

1. Ces trois caractéristiques exploitent des biais du cerveau humain : la peur de manquer qui nous conduit à scroller les réseaux sociaux et à regarder nos mails professionnels ; le sentiment de récompense à voir un post republié et liké ; la primauté des émotions sur le raisonnement qui nous conduit à être captés par des propos et des vidéos chocs.

sources d'information reconnues comme légitimes par une majorité de citoyens alors que les dirigeants politiques et les médias classiques sont démonétisés[1] ?

Sans entrer dans des détails trop nombreux, trois leviers d'actions publiques me paraissent activables. Je n'y inclus pas la limitation du temps de connexion, ni sa variante consistant à limiter le volume de données consommées, comme l'a suggéré l'ancienne ministre Najat Vallaud-Belkacem. Si un mécanisme d'alerte obligatoire et automatisé, par exemple au-delà d'une heure par jour passée sur son smartphone, paraît logique et constitue un *nudge* facile à mettre en place, toute limitation du temps d'écran paraît très compliquée juridiquement en termes d'atteinte à la liberté d'information; quant à restreindre le temps consacré à des usages jugés néfastes, l'écueil en termes de discrimination apparaît immédiatement: combien de matchs de football regarder chaque jour? Combien d'heures à surfer sur Facebook? Quid du porno sur Internet? Les enfants et les jeunes adolescents forment une catégorie spécifique pour laquelle une limitation du temps d'écran et de certaines applications (réseaux sociaux notamment) fait sens au regard de leur développement psychomoteur. La commission dédiée mise en place par le président de la République

1. Je considère comme vaine aujourd'hui toute tentative de s'appuyer sur la parole des dirigeants politiques pour renforcer la qualité de l'information. Le débat politique est aujourd'hui trop polarisé, virulent et simpliste. Par nature enfin, la parole d'un dirigeant politique peut être perçue comme obéissant à un but de conquête électorale et non au souci d'informer objectivement la population.

début 2024 préconise ainsi d'interdire l'exposition aux écrans avant 3 ans et d'éviter tout smartphone avant 13 ans et tout accès aux réseaux sociaux avant 15 ans (mais comment appliquer ces restrictions en pratique ?).

Le premier levier consiste à légitimer et renforcer certaines sources d'information fiables. Certains journaux ont par exemple créé des « décodeurs » et des espaces pédagogiques pour décortiquer les *fakes news*. De telles initiatives peuvent être renforcées et si besoin financées par les pouvoirs publics. Parallèlement, l'activité pédagogique d'agences publiques comme l'Ademe, le CNRS, Météo France et les régulateurs sectoriels[1] pourrait être renforcée. Ces agences, et de manière générale la recherche publique dans son ensemble, possèdent encore une crédibilité et une légitimité relativement forte au sein de la population. La vulgarisation scientifique étant une activité différente de la recherche académique, nul doute qu'il s'agit d'une inflexion forte dans le fonctionnement des organismes de recherche et qu'il sera nécessaire d'adapter leurs gouvernances et les profils de recrutement.

Je suis convaincu également qu'il est possible d'aller beaucoup plus loin et de mettre en place sous l'égide publique une véritable politique de décodage de l'actualité, diffusée sur des sites d'information spécialisés. Afin d'en

1. Peu connus du grand public, il existe dans de nombreux secteurs des régulateurs indépendants du gouvernement. Ils publient de nombreuses études et analyses, souvent hélas destinées aux spécialistes. La Commission de régulation de l'énergie et l'Autorité de régulation des communications publiques en sont deux exemples.

assurer la neutralité vis-à-vis du pouvoir politique, et éviter l'accusation de censure de l'information par les dirigeants politiques en place, ces sites et les personnes qui éditent les contenus pourraient être supervisés par le Conseil économique social et environnemental (CESE), entité pluraliste indépendante de niveau constitutionnel[1].

Le financement de l'ensemble des mesures de fiabilisation de l'information viendrait d'une redevance sur les bénéfices des plateformes dans une logique pollueur-payeur similaire à celle qui prévaut dans le domaine de l'environnement. Certains s'offusqueront peut-être du risque d'accaparement et de dévoiement à des fins politiques car la recherche publique, les agences publiques et le CESE font partie du système institutionnel. Certes, mais je souhaite rappeler qu'un schéma analogue existe d'ores et déjà sur plusieurs sujets stratégiques, à commencer par l'Autorité de sûreté nucléaire qui dépend du Parlement et possède une légitimité forte auprès de la population. Ce risque d'accaparement est à mettre en regard du risque actuel de manipulation des masses à coups de *fake news* et de propos démagogiques, risque d'un ordre de grandeur supérieur...

Le deuxième levier d'action publique consiste à mieux former les Français à s'informer. Apprendre à s'informer peut paraître superflu dans un monde où les moteurs de

1. Le CESE est parfois appelé la troisième chambre – en sus de l'Assemblée nationale et du Sénat. Elle a pour but de conseiller les pouvoirs publics et elle assure le lien entre les citoyens et le Parlement. Elle souffre aujourd'hui d'un déficit de visibilité et de reconnaissance.

recherche apportent en un clic une réponse à toute question. En réalité, une telle formation n'a rien d'anecdotique. L'enfermement algorithmique induit par les plateformes rend par exemple insuffisant la recommandation de consulter plusieurs sites pour croiser les informations. L'irruption des intelligences artificielles et des *deep fake*[1] peut mettre en échec la recommandation de s'appuyer sur des paroles d'experts et de personnalités reconnues.

Il n'est pas nécessairement du ressort de l'école publique de supporter le poids et le temps consacré à cette pédagogie de s'informer. L'Éducation nationale a déjà des missions nombreuses dont en priorité celle d'apprendre à nos enfants les savoirs fondamentaux et scientifiques[2]. Le Service national universel semble un vecteur approprié pour comporter un module de formation. Compte tenu de l'évolution très rapide des technologies, la formation professionnelle devrait également être mobilisée : avoir des salariés capables de bien s'informer est d'ailleurs sans doute une source de création de valeur pour l'entreprise. Des quiz et *serious games* pourraient également être diffusés par les pouvoirs publics lors de l'envoi de l'avis d'impôt sur le revenu ; des émissions spécifiques pourraient être diffusées

1. J'appelle *deep fake* les vidéos, discours ou communiqués papier, mimant à s'y méprendre de vrais dirigeants au point qu'il est impossible en les regardant de savoir s'ils sont véridiques ou contrefaits.
2. De manière générale, plus le niveau d'éducation de la population sera élevé, plus la résistance à la désinformation sera forte. Développer la culture scientifique et le raisonnement logique, tels que décrits dans le chapitre relatif à l'éducation, contribue à savoir mieux s'informer.

sur les chaînes télé publiques en soirée... De multiples occasions méritent d'être analysées durant la vie active et lors de la retraite.

Le troisième levier d'action publique, beaucoup plus structurel, consiste à modifier les règles de fonctionnement des plateformes et leur modèle économique. Il s'agit d'une inflexion majeure par rapport à la situation actuelle où les dirigeants politiques osent difficilement s'attaquer aux géants du *web*, ni même critiquer des effets néfastes du numérique. Alors que le temps passé devant les écrans ne fait que croître, il est indéniable que remettre en question le fonctionnement des plateformes exige du courage. Pourtant, je considère que trois points essentiels et distinctifs du numérique par rapport aux sources d'information traditionnelles du XXe siècle posent question et constituent des causes importantes de désinformation potentielle.

Tout d'abord, les plateformes (réseaux sociaux, moteurs de recherche, sites d'achats en ligne...) ont un statut d'hébergeur et ne sont pas responsables du contenu qui circule. Ce choix mérite d'être discuté, car il est contraire à celui fait pour les médias traditionnels (journaux, radio et chaînes télévisuelles). L'Union européenne a certes introduit des garde-fous récents en exigeant des plateformes de retirer aussi vite que possible certains contenus contraires à la loi et en leur imposant de la transparence sur leurs règles de modération. Mais ces dispositions n'épuisent manifestement pas le problème de la désinformation et de la virulence des propos, notamment sur les réseaux sociaux.

Ensuite, le modèle prédominant consiste à ce que la publicité finance leur fonctionnement. L'intérêt des plateformes est donc que l'utilisateur reste le plus longtemps possible et qu'il consente à transmettre le plus de données : les publicitaires paieront leurs annonces d'autant plus chères qu'ils pourront cibler efficacement les utilisateurs. Ce modèle conduit à l'enfermement algorithmique et à la « société de l'attention » où grâce à des artifices multiples, dont les notifications et les suggestions permanentes, les plateformes vont utiliser nos instincts et nos émotions pour nous maintenir connectés le plus longtemps possible[1]. Dans son livre *Les ingénieurs du chaos*[2], Giuliano da Empoli montre à quel point ce profilage commercial peut être dévoyé en ciblage électoral par des candidats populistes. Il a pour conséquence directe que la vérité n'a aucune importance dans le contenu diffusé par une plateforme : seule la viralité compte. Quiconque cherche à s'informer via les réseaux sociaux commet donc une forme d'erreur de principe.

Certes, la publicité a toujours financé en partie les médias traditionnels au point que Patrick Le Lay, PDG de TF1, avait indiqué en 2004 vendre « du temps de cerveau humain disponible » aux publicitaires. Le numérique offre toutefois une démultiplication – nous gardons nos

1. Les plateformes cherchent également à nous faire liker et commenter le plus possible – ce qu'elles appellent de l'engagement – afin d'attirer et de faire se connecter nos amis et membres de nos réseaux.

2. Giuliano da Empoli, *Les ingénieurs du chaos*, Paris, JC Lattès, 2019.

téléphones tout le temps avec nous – et surtout une possibilité de ciblage inédite et opaque. Le déclin rapide des médias traditionnels montre de fait une forme de supériorité du numérique dans la capacité à capter notre attention. Rien ne serait plus grave que de négliger la puissance de ce rouleau compresseur. Dans son livre *La France sous nos yeux*[1], Jérôme Fourquet évoque l'archipellisation spatiale de la France comme un vecteur de décohésion. Je considère que l'archipellisation informationnelle est une menace tout aussi grande pour la cohésion sociétale.

Il est illusoire de supprimer les réseaux sociaux et toutes les applications utilisant la publicité comme ressource financière principale. Mais il me semble tout aussi illusoire d'espérer que le risque de désinformation et d'addiction aux plateformes numériques se réglera de lui-même parce que progressivement les Français parviendraient à mieux faire la part des choses. Un premier axe d'action pourrait ainsi consister à encadrer les possibilités de ciblages algorithmiques, selon une logique de rejet par défaut de tout ciblage. Nous encadrons la diffusion de publicités dans les boîtes aux lettres[2] et dans l'espace urbain[3], pourquoi ne serions-nous pas en mesure de faire de même dans l'espace

1. Jérôme Fourquet et Jean-Laurent Cassely, *La France sous nos yeux*, Paris, Seuil, 2021.
2. L'apposition d'un autocollant « STOP PUB » permet de ne plus recevoir de publicité dans les boîtes aux lettres ; depuis 2022, une expérimentation « OUI PUB » est en cours dans plusieurs départements : sauf apposition d'un autocollant « OUI PUB », les habitants ne reçoivent plus de publicités non adressées.
3. Les maires définissent les endroits où des panneaux publicitaires peuvent être installés ainsi que les formats d'affichage.

numérique ? Un deuxième axe d'action consiste à altérer le statut d'hébergeurs afin de les rendre en partie responsables des contenus qui circulent. Le *Digital Act* européen constitue sans conteste une avancée récente sur ce point : il impose ainsi aux plateformes une obligation de moyens, mais non une obligation de résultat, pour supprimer les contenus contraires à la loi… Il est possible d'aller plus loin et de ne pas viser que les contenus illicites. La puissance publique pourrait par exemple imposer que soit mentionné, en début de contenu, si celui-ci a fait appel à des logiciels d'intelligence artificielle ou s'il a fait l'objet de retouches, de sorte que la personne qui visionne le contenu relativise d'emblée la véracité du contenu. Elle pourrait également imposer que chaque plateforme rende publiques ses règles de censure et de suppression des contenus – car sans que le grand public le sache, elles censurent en continu des contenus, comme l'a montré au début des années 2010 la suppression par Facebook d'un compte ayant publié une photo du tableau de Gustave Courbet *L'origine du monde*. Enfin, je suis convaincu qu'il faut s'interroger sur l'anonymat qui prévaut de manière générale sur Internet. L'anonymat a des vertus et s'ancre dans la liberté de pouvoir se « déplacer » sur Internet comme nous l'entendons sans être tracés, exactement comme nous le ferions dans la rue où en feuilletant des livres dans une bibliothèque. Mais lorsqu'il s'agit de publier du contenu visible par une communauté large, le principe de l'anonymat interroge. Il serait impensable qu'un journal publie un article sans citer l'auteur ou qu'une

---

Ils peuvent même dans les cahiers des charges exclure certains types de publicités.

chaîne de télévision diffuse une émission ou un reportage sans désigner qui sont les personnes interviewées ; mais sur une plateforme, un simple pseudo suffit et permet de relayer ou publier à sa guise. Demain, des intelligences artificielles associées à des trolls pourront nous saturer d'informations et nous amener à croire qu'une information est vraie car partagée par des milliers de personnes, sans même que nous prenions conscience qu'il ne s'agit pas d'êtres humains, mais de logiciels se paraphrasant à l'infini. Quelles limites à donner à l'anonymat ? À partir de quelle taille de communauté ou de nombre de publications journalières devrait-il être levé ? Quelles sont les solutions techniques permettant une levée partielle sans être immédiatement contournées ? Ces questionnements me dépassent et je ne me risquerai pas à formuler des propositions précises, tout en étant convaincu qu'elles devront être traitées dans un avenir proche.

Le populisme se nourrit des raisonnements simplistes, de l'instantanéité, du nivellement des opinions et de la prévalence des émotions (tout particulièrement de la colère et de la peur). Il se nourrit de l'archipellisation des points de vue rendue possible par les algorithmes de ciblage. L'incidence de la profusion d'information numérique sur la démocratie n'est pas anecdotique et malheureusement, la virulence et l'outrance des partis extrêmes montre que les dirigeants politiques ne donnent pas l'exemple. Elle a, c'est indéniable, des versants positifs et je ne souhaite bien sûr pas tout jeter à bas ; comme souvent il s'agit de favoriser l'usage positif d'une technologie et de décourager ou encadrer ses usages néfastes. De manière générale, le principe de pollueur-payeur décrit précédemment pour financer les actions de lutte contre les *fakes news* me paraît bien adapté au numérique. Comme en matière d'environnement, il est moralement logique que les responsables des conséquences négatives du numérique (addiction, harcèlement, développement d'un sentiment de solitude, polarisation des opinions…) paient pour la réparation des dommages générés. L'anormalité réside dans la situation actuelle où la puissance publique et les individus supportent le poids de ces dommages tandis que les géants du numérique, devenus en une vingtaine d'années les entreprises les plus riches de la planète, en sont exonérés.

Transformer les règles du jeu économique

Pendant des décennies, la société de consommation mondialisée a été promue par les milieux économiques comme étant le meilleur modèle de société. Elle l'est encore largement, et nombre de modèles utilisés par les économistes, notamment au ministère de l'Économie et des Finances concluent toujours à sa prééminence. Pourquoi ?

Sans rentrer dans de trop nombreux détails, que je n'ai pas la prétention de maîtriser parfaitement par ailleurs, force est de constater trois faiblesses majeures de ces modèles : ils ne donnent aucune valeur à la souveraineté ; ils ne donnent pas de valeur aux inégalités, qu'elles portent sur les revenus, les patrimoines ou sur les inégalités de destin induites par la reproduction sociale ; ils n'intègrent pas les effets sociétaux et ne prennent en compte que partiellement les effets environnementaux et les services rendus par la nature. Dit autrement, ils ne donnent de valeur ni à l'autonomie stratégique, ni à la cohésion sociétale, et ne prennent en compte qu'imparfaitement la préservation des biens communs. La plupart des modèles les ignorent complètement. Or, comme le dit le proverbe : « On ne gère bien que ce qu'on mesure[1]. »

Prenons quelques exemples concrets. Jusqu'à la fin des années 2000, la plupart des modèles utilisés en macroéconomie, et notamment au ministère de l'Économie, ignoraient les émissions de carbone. Une délocalisation d'activité en Chine n'avait donc aucun impact sur le climat selon le modèle alors même que ses émissions de gaz à effet de serre pouvaient quintupler à cause de l'utilisation massive de charbon comme source d'énergie en Chine. Dans les modèles macroéconomiques de l'époque, la délocalisation des aciéries et de la sidérurgie en Chine était aussi créatrice de valeur car elle permettait à l'échelle mondiale une meilleure allocation des ressources. Le fait que l'Europe devienne dépendante de la Chine pour produire de l'acier, indispensable à l'économie et aux armées, et risque un jour d'être muselée politiquement et économiquement n'avait pas de valeur. Quant à l'impact social d'une délocalisation, c'est-à-dire la mise au chômage des salariés, celui-ci était généralement modélisé, mais ce chômage était soit renvoyé à des actions de redistribution, soit à des hypothèses de marché de l'emploi flexible permettant de réemployer rapidement les personnes touchées. En d'autres termes, soit le problème du chômage était sorti du modèle

1. J. H. Lingle et W. A. Schiemann, « From balanced scorecard to strategic gauges: is measurement worth it? », *Management Review*, n° 85, 1996, p. 56-61.

et renvoyé à une action publique de redistribution – beaucoup de modèles économiques assument ne traiter que de croissance économique et renvoient les sujets de redistribution à des considérants politiques externes –, soit il était résolu automatiquement par l'hypothèse que les personnes au chômage fussent en situation de trouver une formation pour se reconvertir et prêtes à déménager à l'autre bout de la France… En pratique la situation est assez différente : la mobilité géographique des Français s'avère relativement faible et les frais de notaires élevés à l'achat d'un logement n'y incitent pas ; la formation professionnelle a longtemps été un point faible de notre pays et ne saurait aujourd'hui être qualifiée de point fort. La réalité de terrain a abouti à des bassins sinistrés dans lesquels la cohésion sociétale est devenue aujourd'hui une gageure. Nous redécouvrons seulement depuis quelques années l'importance de l'adéquation entre compétences et métiers !

Je citerai enfin un dernier exemple, plus anecdotique mais vécu, relatif à l'évaluation du coût de la pollution de l'air. La question fut centrale au début des années 2010 alors que les pics de pollution se multipliaient en Île-de-France. Le débat public se porta alors sur la question du bonus à l'achat de véhicules électriques : dans une période d'austérité budgétaire prégnante, comment calibrer le bon niveau de bonus ? La plupart des modèles utilisés lors des arbitrages gouvernementaux se contentèrent de mettre en comparaison le coût d'une année de vie en bonne santé perdue avec le coût budgétaire pour l'État à subventionner l'achat de véhicules électriques… Ce faisant, l'arbitrage ne prit en compte ni l'amélioration de la souveraineté induite par le fait de moins importer de pétrole, ni l'impact climatique, ni les gains indirects et pourtant majeurs sur le patrimoine immobilier : la pollution de l'air en ville est en effet un facteur prépondérant de salissure des façades et augmente donc la fréquence des ravalements... Sachant que le ravalement du musée du Louvre coûte à lui seul plusieurs dizaines de millions d'euros, le gain financier pour l'État, propriétaire de nombreux bâtiments dans Paris, d'une bonne qualité de l'air est sans doute loin d'être négligeable, mais fut ignoré par les modèles ! Voilà un bel exemple d'une externalité environnementale positive non prise en compte.

Ces exemples pourraient être multipliés à l'infini. Le problème est fondamental et porte sur l'objectif même des modèles, à savoir la maximisation de la croissance. Ignorer l'impact sur la cohésion sociétale – qui par simplicité de modélisation pourrait se résumer dans un premier temps à la baisse des inégalités –, et celui sur l'autonomie stratégique – qui par simplicité de modélisation peut être la réduction des importations en provenance de pays autoritaires –, dévoie le raisonnement au profit d'une stricte logique de maximisation de valeur économique et financière.

Depuis quelques années, des modèles intégrant mieux les externalités environnementales et les impacts sociaux ont vu le jour, en adoptant notamment de la maximisation sous contrainte. L'évaluation de la valeur tutélaire du carbone réalisée par l'économiste Alain Quinet fut un des premiers exemples notables. Cette valeur tutélaire, qu'Alain Quinet estime à 250 euros/tonne aujourd'hui[1], représente le coût d'émission d'une tonne de carbone que

1. Alain Quinet, « La valeur de l'action pour le climat », *France Stratégie*, février 2019.

chaque acteur devrait prendre en compte dans ses calculs microéconomiques afin que la France respecte ses engagements internationaux sur le climat. Comme toutes les autres modélisations de ce type, elle reste hélas cantonnée au milieu des spécialistes et se diffuse peu dans la sphère dirigeante. Combien de dirigeants intègrent dans leurs calculs une valeur de 250 euros pour chaque tonne de carbone émise ? De même, combien d'économistes d'économistes dans les ministères raisonnent en donnant une valeur à l'autonomie stratégique et à la cohésion sociétale ?

Enfin, et il s'agit d'un problème encore plus fondamental, au niveau microéconomique, les modèles ignorent encore complètement les notions d'autonomie stratégique et cohésion sociétale. Par le jeu de la concurrence, une entreprise se doit de maximiser sa performance et sa compétitivité : si ses clients n'accordent pas d'importance à ces notions, elle ne doit – et ne peut pas – les prendre en compte. Tout repose donc sur les préférences des clients, ou *in fine*, sur la fixation par les pouvoirs publics de règles incitatives ou normatives. Le bonus-malus écologique est un exemple de mesure mise en place par l'État pour modifier les préférences des particuliers. La taxe carbone également, tout comme la promotion du *made in France* qui permet de modifier la psychologie d'achat et d'augmenter la propension à payer plus cher pour acheter un produit local. Force est de constater hélas que d'une part les préférences des consommateurs évoluent peu et trop lentement, il suffit d'observer l'appétence pour la *fast fashion* ; et que d'autre part les règles édictées à ce jour par les pouvoirs publics sont en bonne voie pour traiter le bien commun climatique, mais sont clairement insuffisantes pour traiter convenablement la préservation d'autres biens communs[1] et l'autonomie stratégique. Un vaste mouvement de « planification », c'est-à-dire de modification des préférences et des règles microéconomiques s'avère donc indispensable pour que la microéconomie soit en cohérence avec le modèle du mieux-vivre ensemble.

Cette évolution des règles microéconomiques possède sans doute une dimension historique au sens qu'elle marque une inflexion par rapport aux déterminants économiques passés. Au XXe siècle, le but premier a été de faire baisser le coût de production des biens et des services. Les règles microéconomiques ont été organisées en privilégiant la concurrence et la théorie des avantages comparatifs. Avec la baisse des coûts de transports permis par la massification du transport maritime de marchandises, elles se sont affranchies des frontières nationales : le champ de la concurrence a débordé du territoire politique où sont fixées les normes sociales et environnementales, engendrant le mouvement de délocalisation vers les pays à bas coûts et la spécialisation des économies avancées vers les services à haute valeur ajoutée. Cette spécialisation a accru les externalités environnementales négatives et interroge quant à ses conséquences sociales. L'avènement de l'âge de raison change la focale : au XXIe siècle, dans de nombreux secteurs, pour des

1. L'idéal de maison individuelle avec jardin (et piscine) reste par exemple très ancré en France alors même qu'il n'est pas soutenable en matière d'artificialisation des sols (et de préservation de la ressource en eau). La croissance de l'obésité montre l'insuffisance des règles actuelles à préserver le bien commun que constitue notre santé.

raisons environnementales, d'autonomie stratégique ou de cohésion sociétale, il ne s'agira non plus de baisser les coûts de production mais de les augmenter ! Ainsi présentée, la nécessité de revoir les règles microéconomiques devient prégnante tout comme le dilemme du triangle d'impossibilité énoncé par Philippe Martin[1].

L'agriculture constitue un exemple emblématique : réduire le recours aux pesticides, mieux prendre en compte le bien-être animal et la régénération des sols se traduit à court terme par une hausse des coûts de production pour nombre de filières – pas toutes car l'agroécologie permet dans certains cas de préserver son coût de production en équilibrant baisse de rendement et baisse des intrants. Les bioplastiques, l'acier bas carbone, le recours aux matières premières secondaires sont d'autres illustrations : il est difficile d'espérer que les bioplastiques ou l'acier bas carbone seront moins chers à produire que leurs homologues conventionnels. Dans nombre de filières, recourir à des matières recyclées est également plus cher que d'acheter de la matière vierge. Laisser faire les marchés tels qu'ils sont structurés aujourd'hui n'aura pour conséquence que de perdre du temps. Les modifier sans toucher aux règles de libre-échange semble illusoire également : imposer des réductions d'utilisation de pesticides, le renforcement des jachères et la fin de l'avantage fiscal pour le gazole non routier pour l'agriculture, comme a souhaité

1. Cf. chapitre sur la réindustrialisation : « Il est impossible à court terme d'atteindre les objectifs de réindustrialisation décarbonée, de préservation du pouvoir d'achat et de soutenabilité budgétaire. »

le mettre en place le gouvernement français début 2024 pour des raisons environnementales légitimes, signifie dégrader la compétitivité de la ferme France par rapport à ses concurrents internationaux et s'est soldé par une jacquerie, puis un recul de la puissance publique. Dans un monde commercialement ouvert, augmenter ses coûts de production, fût-ce pour des raisons légitimes sociales et environnementales, se traduit par des destructions d'emplois et des importations accrues. L'enjeu économique du XXIe siècle est là ! Selon le triangle d'impossibilité de Philippe Martin, il serait possible de subventionner en parallèle les agriculteurs/producteurs français et européens : cette voie, théoriquement possible, se heurte néanmoins à l'état dégradé des finances publiques et aboutirait à créer un monde à la fois commercialement ouvert et perfusé de subventions publiques, ce qui paraît peu réaliste et enviable. Rebasculer la hausse du coût de production auprès du consommateur constitue la solution la plus souhaitable mais elle suppose de parvenir à ce que les produits importés se voient appliquer les mêmes règles que les produits domestiques. Le mécanisme d'ajustement carbone aux frontières et les clauses miroirs dans l'agriculture montrent que cette volonté commence à exister mais que le résultat est encore loin des espérances.

Cette perspective historique permet enfin de mieux comprendre la divergence de vision entre les techno-solutionnistes et les partisans d'une régulation plus forte (souvent qualifiés de manière caricaturale comme décroissants et apôtres d'une écologie punitive). Pour les techno-solutionnistes, l'innovation permettra dans chaque secteur que les produits dits écologiques deviennent plus compétitifs que leurs homologues conventionnels[1]. Changer les règles du jeu au niveau microéconomique et restreindre la concurrence internationale s'avère donc inutile ou doit se limiter à une durée courte de maturation des nouvelles technologies écologiques. Pour les tenants d'une transformation plus forte, les produits écologiques ou souverains resteront structurellement plus chers que leurs homologues conventionnels et il apparaît donc nécessaire de forcer le remplacement par des normes ou de nouveaux signaux-prix, qui ne sont efficaces que s'ils sont appliqués aux produits importés.

Les énergies renouvelables donnent raison aux techno-solutionnistes dans le secteur de l'électricité : après une dizaine d'années d'innovation couplées à des subventions à l'achat, les énergies renouvelables électriques sont désormais compétitives et vont s'imposer naturellement face aux centrales à gaz et à charbon. En revanche, nombre d'autres secteurs semblent donner raison aux tenants de la transformation normative : qui imagine que des porcs élevés en plein air puissent être moins chers à produire que les usines à bétail d'Asie où s'entassent des dizaines de milliers de porcs dans un bâtiment de trente étages ? Qui imagine que les bioplastiques, issus d'une biomasse limitée et convoitée pour de nombreux usages, puissent être moins chers que les plastiques d'origine fossile ? Peut-on espérer que l'innovation permette que la réparation d'un four à micro-ondes ou le raccommodage d'un

1. Les tenants du techno-solutionnisme n'accordent en général pas de valeur à l'autonomie stratégique et sont résolument contre tout protectionnisme.

pull, en faisant appel à des salariés au coût horaire français, devienne moins cher qu'acheter un équipement neuf arrivé tout droit d'Asie ?

Le défi du XXIe siècle passe par une révolution microéconomique : pour beaucoup de secteurs, il s'agit d'assumer d'augmenter le coût de production pour des raisons environnementales, d'autonomie stratégique et de cohésion sociétale. Pour ce faire, modifier les signaux de marché et les normes apparaît indispensable, mais ne fonctionne que si les produits importés sont soumis aux mêmes règles, entraînant de facto une révolution commerciale par rapport au libre-échangisme du siècle précédent. Telle est la double révolution à laquelle l'Europe est confrontée !

Limiter la concentration des richesses

Quel est le niveau acceptable des inégalités de revenus et de patrimoine ? Et quel système de redistribution faut-il mettre en place pour y parvenir ?

Ces deux questions sont éminemment politiques. La maîtrise des inégalités est au cœur du contrat social. Il appartient aux citoyens et à leurs représentants élus d'y répondre.

Très émotionnelles, elles suscitent généralement dans le débat public des réponses caricaturales entre les tenants de la taxation des riches et les apôtres de la propriété individuelle. Elles sont également influencées par l'impératif de compétitivité : dans la société mondialisée, notre pays doit se battre pour attirer les investissements et doit améliorer la productivité, ce qui revient en grande partie à abaisser la taxation du capital, abaisser le coût du travail et le rendre plus flexible. Des mesures à tendance régressive sur la répartition des richesses.

Un livre entier serait nécessaire pour traiter du sujet des inégalités de revenus et de patrimoine ainsi que des mesures possibles pour les encadrer. Je renvoie donc les lecteurs intéressés à trois ouvrages particulièrement frappants, dont je reprends largement les constats et certaines mesures : *Le capital au XXIe siècle* de Thomas Piketty[1], *Le triomphe de l'injustice* d'Emmanuel Saez et Gabriel Zucman[2] et *L'impasse de la compétitivité* de Benjamin Brice[3].

L'Histoire regorge d'oligarchies entretenues par les inégalités de revenus et de statuts. Les sociétés féodales moyenâgeuses étaient bâties sur la captation du système fiscal et donc des richesses par une minorité de nobles, de religieux et de grands bourgeois. L'esclavagisme s'est construit sur le même modèle en le poussant à l'extrême. La révolution industrielle de la fin du XIXe siècle avec sa figure de Germinal également.

Qu'en fut-il du XXe siècle et qu'en est-il de ce début de XXIe siècle : vivons-nous dans une société redistributive ou qui concentre les richesses ?

Le XXe siècle s'est révélé singulier à de multiples égards. Le consensus des économistes est qu'à partir de la fin de la Première Guerre mondiale, et de manière encore plus nette durant les Trente Glorieuses, une grande partie du

1. Thomas Piketty, *Le capital au XXIe siècle*, Paris, Seuil, 2013.
2. Emmanuel Saez et Gabriel Zucman, *Le triomphe de l'injustice*, Paris, Seuil, 2020.
3. Benjamin Brice, *L'impasse de la compétitivité*, Paris, Les liens qui libèrent, 2023.

XXe siècle fut particulièrement redistributive dans le monde occidental : la part du patrimoine privé détenue par les 1 % les plus riches aux États-Unis descendit de 40 % en 1930 à 25 % en 1975[1]. En France, la part du patrimoine détenue par les 10 % les plus riches passa de 80 % en 1945 à 50 % en 1975[2]. Ce véritable effondrement des rentiers, comme le décrit Thomas Piketty, s'explique par la réduction des inégalités de revenus et la forte croissance économique. En France, les 10 % de revenus les plus élevés représentaient 35 à 40 % de l'ensemble des revenus en 1950 contre 30 % en 1980[3].

Depuis les années 1980 la situation a radicalement changé. Les économistes convergent pour indiquer que nous assistons à une recrudescence des inégalités, tant sur les revenus que sur le patrimoine. La croissance économique des dernières décennies a particulièrement bénéficié aux 10 % les plus aisés, et tout particulièrement aux 1 %, voire aux 0,1 % des plus aisés, c'est-à-dire les ultra-riches ! Emmanuel Saez et Gabriel Zucman calculent ainsi qu'aux États-Unis, de 1980 à 2018, la croissance annuelle moyenne des revenus des huit premiers déciles de revenus a été inférieure à 1,5 % alors qu'elle a dépassé 2 % pour le dernier centile et 5 %

1. Emmanuel Saez et Gabriel Zucman, *Le triomphe de l'injustice*, 2020, *op. cit.*, p. 151.
2. Thomas Piketty, *Le capital au XXIe siècle*, 2013, *op. cit.*
3. Cette baisse des inégalités de revenus jusqu'aux années 1980 a coïncidé par ailleurs avec une hausse généralisée des revenus (+3,7 %/an de 1945 à 1980) : la diminution s'est donc réalisée « par le bas », c'est-à-dire par une augmentation des salaires faibles et moyens et non par une baisse des plus hauts salaires.

pour le dernier millième des plus riches[1]. Cumulé sur trente ans, l'écart total de revenus est impressionnant : le dernier décile capte aujourd'hui aux États-Unis 50 % des revenus contre 35 % en 1980[2] ! La reproduction sociale – assimilable en grande partie aux inégalités éducatives et d'insertion dans la vie professionnelle – s'est également renforcée comme décrit dans le chapitre sur l'éducation.

Cet accroissement des inégalités de revenus génère une concentration progressive des richesses qui est particulièrement prégnante aux États-Unis : les 1 % les plus riches détiennent aujourd'hui presque 40 % du patrimoine privé contre 25 % en 1975[3]. En France, la concentration des richesses s'avère plus modérée, à la fois parce que l'écart de salaire entre le premier et le dernier décile est lui-même plus modéré, mais aussi parce que notre système de redistribution est plus développé : la part de patrimoine des 10 % les plus riches n'est passée que de 50 à 57 % de 1990 à 2015[4]. Le premier décile de revenus ne capte que 35 % des revenus bruts totaux contre 30 % en 1980. Si la concentration des richesses demeure plus modérée qu'aux

---

1. Emmanuel Saez et Gabriel Zucman, *Le triomphe de l'injustice*, 2020, *op. cit.*, p. 234.
2. Thomas Piketty, *Le capital au XXIe siècle*, 2013, *op. cit.*, chap. 9.
3. Emmanuel Saez et Gabriel Zucman, *Le triomphe de l'injustice*, 2020, *op. cit.*, p. 151.
4. Bertrand Garbinti et Jonathan Goupille-Lebret, « Inégalités de revenu et de richesse en France : évolutions et liens sur longue période », *Économie et Statistique*, n° 510-511-512, 2019, p. 69-87 ; Insee, « Patrimoine moyen par décile, données annuelles 2010, 2015 et 2018 », Statistiques publiques, 19 décembre 2019.

États-Unis, elle n'en reste pas moins croissante, ce qui pose nécessairement question.

Avons-nous conscience de cette croissance des inégalités depuis quatre décennies et l'avons-nous démocratiquement souhaitée ? Indéniablement non !

Ce retour de la concentration des richesses possède des explications multiples. Écartons tout d'abord l'argument général que la paix a tendance à favoriser l'accumulation du capital mobilier et immobilier : la période des Trente Glorieuses démontre que cette prétendue relation mécanique est fausse.

La mondialisation constitue un facteur indéniable et puissant de polarisation des revenus dans les sociétés occidentales : la mise en concurrence des tâches manufacturières avec les pays à bas coûts pèse sur les bas salaires. Symétriquement, elle permet aux plus aisés d'investir leur épargne partout dans le monde et de bénéficier des dividendes tirés de la forte croissance mondiale. La spécificité de l'économie du numérique favorise la concentration des richesses : l'émergence fulgurante des entreprises de la tech crée une nouvelle catégorie de milliardaires qui trustent aujourd'hui les premières places des cent personnes les plus riches du monde. Il est notable que ces fortunes sont assises sur des monopoles et oligopoles sans que la puissance publique ne trouve particulièrement à y redire !

Thomas Piketty, Emmanuel Saez, Gabriel Zucman, Benjamin Brice et beaucoup d'autres économistes indiquent également que les dernières décennies ont favorisé la rémunération du capital-investissement plutôt que du travail, à l'exception des professions intellectuelles supérieures bénéficiaires de la mondialisation, au premier rang desquelles figurent les professions financières. Il y a donc bien des gagnants et des perdants de la mondialisation ! Schématiquement, une moitié des Français dépense l'intégralité de ses faibles revenus salariaux en consommation courante et n'épargne presque rien. Au sommet de la pyramide, les 10 % les plus riches épargnent massivement et bénéficient des fruits de la croissance mondiale et d'un effet de rente financière et immobilière. Entre les deux, la classe moyenne, constituée principalement de salariés peu exposés directement à la mondialisation (enseignants, employés de bureau, professions libérales, etc.) oscille en fonction des fluctuations économiques et des mesures nationales de redistribution. Cette segmentation est renforcée aux États-Unis par rapport aux pays européens. Retraduite en chiffres, elle est encore plus parlante : en France, les 1 % les plus riches détiennent environ 25 % du patrimoine, soit environ 4 millions d'euros par ménage. De l'autre côté du spectre, les 10 % des ménages français les plus pauvres détiennent 1 800 euros de patrimoine en moyenne, c'est-à-dire presque rien. La moitié la plus pauvre des Français possède moins de 10 % du patrimoine total, soit 25 000 euros par ménage[1]. La richesse varie donc d'un facteur 1 000 entre les 10 % les plus riches et les 10 % les plus pauvres.

Ce constat, largement partagé, est le fruit de la société de consommation mondialisée. Tout indique que la

1. Bertrand Garbinti et Jonathan Goupille-Lebret, « Inégalités de revenu et de richesse en France… », 2019, art. cité ; « Patrimoine moyen par décile, données annuelles 2010, 2015 et 2018 », *insee.fr*, 19 décembre 2019.

prééminence de la rémunération du capital sur le travail se poursuivra dans les prochaines années. Il est aussi valable dans les pays émergents, et notamment en Inde et en Chine, où la distribution des richesses est fortement inégale et concentrée, de surcroît avec un faible système de redistribution dans ces pays[1]. Si la mondialisation permet de sortir des centaines de millions de personnes de l'extrême pauvreté, elle ne semble pas mener à un nivellement de la distribution des richesses comme l'ont connu les pays occidentaux lors des Trente Glorieuses.

Le deuxième phénomène majeur des dernières décennies est que l'individualisme a contribué à rendre acceptable cette concentration des richesses. Il l'a même légitimé ! Pire, il a conduit à des mesures fiscales qui l'accentuent !

Dans leur livre, Emmanuel Saez et Gabriel Zucman prennent deux exemples emblématiques : Donald Trump, milliardaire bien connu et détenteur de multiples immeubles aux Etats-Unis, se vante publiquement en 2016 de ne pas payer d'impôts[2] : aucune indignation ! Warren Buffet, dont la fortune dépasse les 100 milliards de dollars, déclare un taux d'imposition moyen de 0,1 %[3] : aucune

1. Nitin Kumar Bharti, Lucas Chancel, Thomas Piketty, et al., « Income and wealth inequality in India, 1922-2023 : the rise of the billionaire Raj », *Working Papers* n° 2024/09, World inequality lab.

2. « Not paying taxes makes me smart », débat télévisé, 26 septembre 2016.

3. Emmanuel Saez et Gabriel Zucman, *Le triomphe de l'injustice*, 2020, *op. cit.*, p. 151.

indignation ! Elon Musk et Jeff Besos déclarent parvenir certaines années à ne pas payer d'impôts : personne ne crie au scandale !

Nous vivons dans un système où les plus riches s'extraient du financement des communs nationaux mais personne ne s'en offusque ! L'individualisme a rendu cela normal. À travers sa célèbre formule : « L'État n'est pas la solution à notre problème ; l'État est le problème », le Président Reagan a été en 1981 le premier à assumer que payer moins d'impôts était légitime et bénéfique. Il a été le premier à assumer les politiques de compétitivité et leur corollaire de maîtrise des dépenses publiques, c'est-à-dire de réduction des communs publics comme l'éducation, les infrastructures et la santé.

Poursuivre dans la voie de la mondialisation, du consumérisme et de l'individualisme signifie selon toute vraisemblance que l'inégalité du partage des richesses continuera de s'accroître. Cela laisse augurer le retour à une société de rentiers dans laquelle le capital agricole et foncier d'antan aura été remplacé par un capital financier mondialisé.

Face à ce constat, posé par de plus en plus d'économistes, la première question à analyser est : sommes-nous entrés dans l'âge de raison en matière de redistribution et de maîtrise des inégalités ?

La réponse est hélas clairement négative ! Au contraire, les mesures prises ces dernières années contribuent à accroître le phénomène. Warren buffet semble donc avoir vu juste lorsqu'il indique « qu'il y a une lutte des classes, évidemment, mais c'est ma classe, la classe des riches qui mène la lutte. Et nous sommes en train de gagner ! »

Emmanuel Saez et Gabriel Zucman décrivent les principaux ressorts déployés pour minimiser la taxation des revenus du capital et du patrimoine des plus riches.

Le premier ressort, indéniablement le plus contestable, est le mouvement massif d'optimisation et d'évasion fiscale[1] constaté ces quatre dernières décennies. Aujourd'hui, plus de la moitié des profits des multinationales américaines est déclarée dans des paradis fiscaux, contre moins de 10 % en 1965. La moitié des profits des multinationales évite donc l'impôt sur les sociétés, au grand bonheur de leurs actionnaires (qui sont statistiquement les ménages les plus aisés). Cet évitement s'effectue largement par le recours à des prix de transfert où une filiale d'un pays paie à une autre, localisée dans un paradis fiscal, certains « services » comme l'usage d'une marque[2]. En sus de cette soustraction à l'impôt sur les sociétés, les paradis fiscaux servent également à ce que les plus riches s'extraient en partie de l'impôt sur le revenu. Emmanuel Saez et Gabriel Zucman décrivent plusieurs méthodes utilisées, la principale étant de maintenir son patrimoine dans une société

1. L'optimisation fiscale est légale alors que l'évasion repose sur des pratiques illégales. La frontière entre les deux s'avère parfois floue. Le recours massif aux prix de transfert entre filiales, dont l'unique but est de localiser les profits dans des paradis fiscaux afin d'échapper à l'impôt sur les sociétés, est-elle de l'optimisation ou de l'évasion ?

2. Le recours aux prix de transfert est aujourd'hui considéré comme légal et constitue donc une optimisation fiscale acceptée alors même que son but unique est de réduire artificiellement le montant d'impôt sur les sociétés en localisant les bénéfices dans des paradis fiscaux.

localisée dans un paradis fiscal et de n'en retirer, via des dividendes, que les sommes nécessaires pour financer son train de vie courant.

Le mouvement ne se limite pas aux États-Unis. Tous les États occidentaux ont laissé prospérer l'optimisation et l'évasion fiscale à la fois pour les sociétés et pour les particuliers : Bermudes, Luxembourg, îles Caïmans, Suisse, Irlande, Chypre, Singapour… La liste des paradis fiscaux est longue. Qui s'émeut aujourd'hui que, par un jeu de transfert de marges, les multinationales logent artificiellement la quasi-totalité de leurs bénéfices européens en Irlande et au Luxembourg parce que le taux d'impôt sur les sociétés y est bien plus faible qu'en France, en Allemagne ou en Italie ? Quand bien même des scandales comme LuxLeaks et les Panama Papers nous révèlent périodiquement la pointe de cet iceberg, peu d'actions ont jusqu'à présent été entreprises, comme s'il s'agissait d'une fatalité, d'une conséquence inéluctable d'une mondialisation elle-même inéluctable.

En parallèle de ce truchement fiscal, les gouvernements occidentaux ont adopté des mesures fiscales favorables aux revenus du capital, qu'il est difficile de qualifier de progressives. L'impôt sur les sociétés a été abaissé dans tous les pays occidentaux. En France, il est passé de 42 % dans les années 1990 à 25 % aujourd'hui[1]. Il en va de même concernant l'impôt sur les plus-values financières : en France, l'instauration d'un taux de 30 % pour la flat tax conduit à une taxation des plus-values financières inférieure à la tranche marginale d'impôts sur le revenu. En

1. Benjamin Brice, *L'impasse de la compétitivité*, 2023, *op. cit.*, p. 25.

France également, la réforme de l'impôt sur la fortune en impôt sur la fortune immobilière conduit à ne plus taxer le capital financier des ménages[1] (qui, rappelons-le encore une fois, est détenu essentiellement par le dernier décile, voire les 1 % les plus riches). Les États-Unis sont même allés un cran plus loin en abaissant le taux marginal le plus élevé d'impôt sur le revenu : ils ont donc voté récemment en faveur d'une mesure ouvertement régressive alors même que la croissance des inégalités est en forte recrudescence !

Enfin, les États occidentaux n'ont pas abaissé la taxation des revenus du travail et ont eu tendance à augmenter la taxation des biens de consommation alors même qu'il s'agit de taxes régressives. En France, les taux marginaux d'impôts sur le revenu n'ont globalement pas bougé ; la TVA non plus (son taux normal a augmenté de 19,6 à 20 % en 2012). La CSG, créée en 1991, a vu son taux progresser régulièrement pour passer de 1 à 9,9 % aujourd'hui pour les actifs, mais elle s'applique à tous les revenus, y compris les revenus financiers : elle n'est donc ni régressive, ni progressive[2]. En revanche, l'augmentation des taxes sur certains biens de consommation, et notamment sur l'énergie et le carbone, s'est accrue et a une forte dimension régressive :

1. Avant sa transformation en IFI, l'impôt sur la fortune avait un rendement faible d'environ 4 milliards d'euros à comparer aux 60 milliards d'euros de recettes de l'impôt sur le revenu. Il était donc déjà largement obéré par les nombreuses déductions et par l'optimisation fiscale.

2. À noter que le taux de CSG pour les pensions de retraite n'est que de 8,7 %. La CSG induit donc une légère inégalité générationnelle en faveur des seniors, qui sont statistiquement détenteurs de plus de patrimoine que les actifs.

la hausse de la taxe carbone, de la taxe intérieure sur la consommation finale d'électricité (TICFE) et sur les produits énergétiques (TICPE, anciennement appelée TIPP) pèse proportionnellement plus lourd sur les ménages modestes que sur les plus fortunés.

Le résultat est sans appel : le taux d'imposition effectif aux États-Unis, tout impôt confondu, est aujourd'hui identique quel que soit le niveau de revenu : environ 25 %. Emmanuel Saez et Gabriel Zucman vont même un cran plus loin dans l'analyse : en ajoutant le paiement de la prime d'assurance santé obligatoire (l'assurance santé, privatisée, est financée par cette prime, qui s'apparente à un impôt puisqu'elle est obligatoire et qu'elle sert à financer un service essentiel – l'assurance maladie), le système fiscal américain est régressif ! En France, et plus généralement dans les pays d'Europe, la tendance est la même, bien que moins exacerbée : les prélèvements sont globalement progressifs, sauf à partir du 1 % des plus riches pour lesquels le taux de prélèvement décroît significativement compte tenu du fait qu'une grande partie de leurs revenus économiques est logée dans des sociétés holding[1]. La redistribution des prélèvements sous forme de prestation (éducation, santé, entretien des infrastructures publiques) et sous forme de versements sociaux réduit les écarts de revenus effectifs : elle augmente de 74 % le niveau de vie moyen des 20 % de personnes les plus modestes et

1. Laurent Bach, Antoine Bozio, Arthur Guillouzouic, Clément Malgouyres, « Quels impôts les milliardaires paient-ils ? », Institut des politiques publiques, 7 juin 2023.

diminue de 21 % celui des 20 % les plus aisées[1], avec toutefois une exception pour les 1 % les plus riches comme décrit ci-dessus.

Cette image globale interroge. Elle légitime grandement le ras-le-bol fiscal exprimé par les Gilets jaunes ; simplement ils n'ont pas pris la bonne cible en ligne de mire : l'augmentation de la taxe carbone ne constitue pas le facteur principal de régression fiscale : il aurait fallu cibler l'évitement de l'imposition des ultra-riches grâce à la croissance de l'optimisation fiscale et la baisse du taux d'imposition des sociétés.

L'âge de raison impose de réinterroger l'ensemble de notre système de redistribution !

Ce questionnement conduit immédiatement à l'inéluctabilité de la situation : ne sommes-nous pas condamnés à ce que la mondialisation et l'évasion fiscale incontrôlée empêchent toute reprise en main ? Après tout, si nous n'avions pas abaissé l'impôt sur les sociétés et les impôts de production, nos entreprises ne seraient plus compétitives et fermeraient, entraînant chômage et récession. Si nous n'avions pas abaissé la taxation du capital et du patrimoine, les plus riches auraient trouvé une manière de s'exiler et n'investiraient plus en France[2].

1. Note de l'Insee, « Redistribution monétaire », novembre 2021.

2. Outre-Atlantique, ce fatalisme est sans doute doublé d'une croyance dans les vertus illimitées du capitalisme et du *self-made-man*, mais cette croyance semble faible à négligeable en Europe où le rôle des pouvoirs publics est historiquement plus développé et mieux accepté.

Être fataliste sur ce point, revient tout simplement à renoncer à la démocratie ! Le consentement à l'impôt et sa détermination par les représentants du peuple figurent en effet dès le XVIIe siècle dans le *Bill of Rights* anglais et la Déclaration d'indépendance américaine comme une condition essentielle du fonctionnement démocratique d'un pays[1]. L'ensemble des démocraties occidentales ont repris ce principe ! Prendre comme une fatalité le dumping fiscal international, c'est considérer que la puissance publique n'est plus capable d'organiser la collecte et la redistribution des richesses, qui est au cœur du contrat social et de la vie démocratique !

La force de chercheurs comme Thomas Piketty, Emmanuel Saez, Gabriel Zucman et Benjamin Brice consiste à démontrer qu'il n'y a rien d'irrévocable et qu'il existe des remèdes. Pendant la majeure partie du XXe siècle, les taux marginaux d'imposition sur le revenu étaient très élevés, dépassant 70 %[2]. Il en allait de même pour l'impôt sur les successions et celui sur les sociétés. L'évasion et l'optimisation fiscales étaient réprouvées et combattues. Les dirigeants politiques assumaient cette redistribution forte et considéraient que la captation des richesses par une minorité constituait une menace pour la démocratie. Les valeurs sous-jacentes du contrat social étaient différentes :

1. Fabrice Bin, « Histoire du consentement à l'impôt », in *Dictionnaire encyclopédique des Finances publiques*, 2010, *publications.ut-capitole.fr*.
2. Emmanuel Saez et Gabriel Zucman, *Le triomphe de l'injustice*, 2020, *op. cit.*, p. 68.

un milliardaire qui ne payait pas d'impôt n'était pas astucieux mais honteusement cupide.

L'autre force de ces écrivains est de montrer qu'il est possible d'agir : nous ne sommes pas condamnés à subir l'évasion fiscale et la course au moins disant en matière d'impôt sur les sociétés et de taxation des revenus du capital. Agir ne suppose pas d'attendre l'avènement d'une coordination fiscale mondiale. Sur ce point l'instauration, le 1er janvier 2024, d'un taux minimal mondial de 15 % d'impôt sur les sociétés[1], hélas grevé de certaines déductions et ne s'appliquant qu'aux très grandes entreprises, illustre une prise de conscience générale et un changement des rapports de force même si l'avènement d'une coordination fiscale mondiale reste encore embryonnaire.

Parmi les solutions à la main des États, j'ai déjà évoqué la piste d'obliger à créer des fondations d'intérêt général lors des successions afin de redistribuer une partie de la fortune des ultra-riches. De nombreuses personnalités, comme l'économiste Jean Pisani-Ferry et un collectif de millionnaires mené par Marlene Engelhor[2], soutiennent l'idée d'un impôt sur la fortune qui engloberait l'ensemble des placements financiers d'un contribuable. L'échange automatique de données fiscales au sein de l'OCDE

1. Ministère des Finances, « Impôt minimal à 15 %, règle globe – pilier 2 », *impots.gouv.fr*.
2. Marlene Engelhor détient par héritage une grande partie du chimiste BASF. Début 2024, dans une lettre envoyée au forum de Davos, 260 millionnaires et milliardaires réclament aux dirigeants politiques d'être davantage taxés pour redistribuer les richesses.

permettrait aujourd'hui de le mettre en place. Thomas Piketty, Emmanuel Saez, Gabriel Zucman proposent, quant à eux, la création d'un impôt sur le revenu national qui porterait, de manière égale et sans déduction possible, sur les revenus du travail et du capital, quel que soit le secteur d'activité. Un tel impôt n'ouvrirait selon eux pas de possibilité d'évasion ou d'optimisation fiscale (à l'exception du travail au noir, pratique condamnable qui ne concerne que marginalement les hauts revenus). Associée à ces mesures, l'autorité de lutte contre la fraude fiscale serait enfin grandement étoffée de manière à réprimer les velléités d'évasion fiscale.

Symétriquement, grâce aux sommes collectées, il serait possible de faire reculer les taxations régressives, au premier rang duquel figure aux États-Unis l'assurance santé, et d'augmenter le financement de certains biens communs délaissés : en France, il pourrait s'agir de l'éducation des hôpitaux, des tribunaux, de l'armée et des mesures de transition écologique (décarbonation des usines, développement de l'agroécologie, préservation de la nature, etc.).

Ces solutions sont possibles et réalistes. Certaines peuvent être prises au niveau national, car l'Union européenne laisse une grande latitude fiscale aux États membres. D'autres relèvent du niveau européen pour éviter que la concurrence fiscale intra-européenne vienne grever l'effort et pour donner du poids à la lutte contre les évadés fiscaux. Quelques-unes méritent une coordination internationale qui prendra du temps mais à laquelle il ne faut pas renoncer pour autant.

Le choix existe. Il est même vaste ! Que ces économistes, parmi les plus réputés au monde, parviennent à poser ce diagnostic et ces propositions montrent que les mentalités changent et qu'il est possible de réussir à s'extraire du mode de pensée reaganien.

Le statu quo n'est enfin plus une option : qu'adviendra-t-il en effet si nous laissons notre système fiscal en l'état et les inégalités se creuser ? Sommes-nous d'accord pour revenir au temps des rentiers ? Que se passera-t-il si les Gilets jaunes prennent pour cible les millionnaires ?

La fiscalité repose sur des déterminants moraux. Une fiscalité redistributive constitue un prérequis à la cohésion sociétale. Elle l'est aussi à l'autonomie stratégique : si de grandes fortunes en viennent à être capables d'influencer les États et si ces fortunes échappent en parallèle à la redistribution des richesses par les États, peut-on encore affirmer que le peuple est pleinement souverain ?

Redistribuer les richesses créées n'est ni honteux, ni inefficace. Il s'agit d'un choix de société qui nécessite de bien poser le problème à résoudre. Cette tâche est doublement ardue : d'une part, parce que le débat public a été fortement dénaturé et caricaturé ; d'autre part, parce que la fiscalité est un domaine technique dans lequel il faut tenir compte de l'accès aux données nécessaires, des stratégies de contournement et des conséquences micro et macroéconomiques. Ardue mais pas impossible et sans doute est-il temps de convoquer les états généraux pour refonder notre système de redistribution : en ce début de XXIe siècle, ceux-ci s'apparenteraient à une forme de conférence citoyenne, dans un format plus vaste et à l'issue de laquelle les décisions seraient prises par le Parlement (et non uniquement le gouvernement comme lors du grand débat de 2019 ayant fait suite à la crise des Gilets jaunes). Cela supposera beaucoup de pédagogie ; cela fera frémir les plus aisés par peur d'aboutir à une taxation disproportionnée des riches. Mais le risque est moindre que l'impasse dans laquelle semble nous conduire petit à petit le statu quo. Comme pour le changement climatique, le coût de l'inaction peut se révéler insupportable et aboutir au délitement de notre bien commun le plus précieux : notre vivre-ensemble !

L'âge de raison : lutter contre nos instincts

À travers ce livre, j'ai esquissé les contours d'un modèle de société fondé sur la recherche de cohésion sociétale, d'autonomie stratégique et de préservation des biens communs. Je l'appelle l'âge de raison, et sa finalité est de maximiser le mieux-vivre ensemble.

J'ai décrit en quoi il diffère largement de la société de consommation ayant cours au tournant du siècle qui est fondée sur la promotion de l'individualisme, du matérialisme et de la mondialisation commerciale, et dont le but affiché consiste à maximiser la croissance et la consommation.

J'ai exposé de nombreuses transformations pour matérialiser cet âge de raison ; leur ampleur et les ruptures qu'elles représentent par rapport aux pratiques actuelles démontrent indéniablement que la transition vers l'âge de raison n'a rien d'aisé et suppose une volonté et une appropriation fortes. Elles prouvent également que cette transition est d'ores et déjà engagée même si la vision d'ensemble n'est pas perçue.

Si notre faculté à effectuer cette transition peut sembler presque insuffisante, je crains que la raison profonde relève de nos instincts et plus exactement de notre capacité à ne pas céder à certaines de nos impulsions.

À bien des égards, il m'apparaît que l'âge de raison est un modèle qui, contrairement au modèle consumériste et individualiste du tournant du siècle, cherche à guider nos instincts et à cantonner certains d'entre eux lorsqu'ils sont néfastes à l'intérêt collectif.

Le consumérisme, l'instantanéité de l'information, les prises de position radicales, les réseaux sociaux comme lieu d'expression personnelle, l'addiction au smartphone… Toutes ces caractéristiques du tournant du siècle mobilisent et exploitent nos instincts primaires : le besoin de faire partie d'un groupe, le narcissisme et la comparaison à autrui, l'empathie face à la douleur ou à la joie d'un autre être humain, le sentiment de manque.

Laissées libres, les entreprises ont développé en quelques décennies une réelle expertise pour utiliser nos instincts primaires à des fins commerciales. Elles ne sont pas les seules et certains dirigeants politiques n'hésitent pas à exploiter nos instincts pour surfer sur l'actualité et l'émotion plutôt que de proposer une vision d'ensemble réfléchie. Lorsque nous faisons défiler sans fin des articles ou des vidéos, et donc la publicité qui va avec, les entreprises détournent notre curiosité et exploitent le sentiment de manque pour le transformer en une forme d'addiction. Il en va de même pour les millions de cadres qui regardent chaque soir leurs mails professionnels par peur de rater une information importante ainsi que pour les millions d'adolescents français qui passent plusieurs heures par jour à écumer les réseaux sociaux[1]. Le développement des chaînes d'information en continu exploite les ressorts de l'émotion en montrant en boucle des images chocs. La sédentarité et la croissance de l'obésité résultent de l'exploitation du plaisir de manger et de rester oisif, y compris en allant jusqu'à se faire livrer à domicile des plats préparés. Le crédit à la consommation utilise nos envies et frustrations pour extraire une rente sur les ménages modestes – ce qui pose un sujet net d'équité. Plus inquiétante, l'utilisation des algorithmes de ciblage a favorisé l'émergence de candidats populistes surfant sur la colère d'une partie de la population contre le « système politique » pour prendre le pouvoir[2]. La liste peut être allongée considérablement et il est très probable qu'une corrélation forte existe entre le niveau d'éducation et la capacité à

1. L'interdiction récente par l'Union européenne, pour cause de risques graves pour la santé mentale, de l'application TikTok Lite qui récompense le visionnage de vidéos (et des publicités qui vont avec) via l'octroi de bons d'achat, montre le degré extrême d'exploitation commerciale d'une addiction que permet le numérique. Il est salutaire que l'Union européenne soit intervenue. Toutefois, elle ne semble rien trouver à redire sur la version standard de TikTok et les dizaines d'heures passées par nos adolescents chaque semaine.

2. Dans *Les ingénieurs du chaos*, Giuliano da Empoli décrit comment des personnalités politiques comme Donald Trump, Boris Johnson, Georgia Melloni ou Jean-Luc Mélenchon ont pour ressort la colère de personnes contre le système et les élites. À l'aide d'algorithmes de ciblage, ils « découvrent » chez chaque électeur une source de colère qu'ils vont exploiter pour les amener à voter en leur faveur, se personnifiant comme candidats antisystème alors même que beaucoup d'entre eux, à commencer par Donald Trump, sont très riches et étaient auparavant très insérés dans le système.

résister aux tentations. Le paradoxe est que cette exploitation de nos instincts intervient en parallèle d'une augmentation sans précédent de la connaissance scientifique et du progrès technologique. Edgar Morin parle d'une pensée devenue aveugle et de la nécessité de résistance de l'esprit face aux asservissements, aux mensonges et à la domination du calcul déshumanisé[1] : le savoir augmente mais pas la pensée individuelle et collective. Yuval Noah Harari va encore plus loin : il décrit comment le capitalisme-consumérisme a transformé notre éthique pour l'aligner avec nos instincts primaires. Alors que la plupart des anciennes religions prônaient une forme de frugalité et commandaient de dominer ses intérêts égoïstes – c'est le cas de la religion chrétienne et du bouddhisme par exemple –, l'idéal capitalistico-consumériste « promet le paradis à condition que les riches restent cupides et que les masses lâchent la bride à leurs envies et à leurs passions, et achètent de plus en plus. Consommer toujours plus de biens est une chose positive. La frugalité est une maladie qu'il faut soigner[2] ».

Par définition, nos instincts ont toujours existé. L'utilisation de nos désirs à des fins commerciales, le marketing et la publicité existent depuis au moins un siècle. Le fait singulier du tournant du siècle est que la mondialisation et le numérique ont décuplé les possibilités et les tentations d'utilisation de nos impulsions. Ils ont multiplié la capacité de communication et de comparaison avec autrui et l'accès à une infinité de produits.

---

1. Edgar Morin, « Le progrès des connaissances a suscité une régression de la pensée », *Le Monde*, 22 janvier 2024.
2. Yuval Noah Harari, *Sapiens*, 2022, *op. cit.*, p. 407-409.

À mon sens, une grande partie de la transition vers l'âge de raison consiste à fixer des limites à la capacité des entreprises et des médias à mobiliser nos instincts. En d'autres termes, il s'agit de lutter contre nous-mêmes, ou plus exactement donner aux pouvoirs publics la capacité d'organiser la société pour restreindre l'utilisation de nos instincts lorsque celle-ci s'avère néfaste à l'intérêt collectif.

Exprimé de cette façon, le défi n'en apparaît que plus grand, car il s'exprime sous forme de privation et de restriction. Dans un pays démocratique, comment une telle vision pourrait-elle s'imposer face aux populismes promettant un avenir radieux sans effort ? Comme l'indiquent de nombreux sociologues, l'effort se déporte certainement sur notre capacité à modifier nos idéaux de vie, c'est-à-dire à rendre désirables des comportements qui aujourd'hui ne le sont pas. Partir en vacances en Europe en train plutôt qu'en avion à Bali est un exemple emblématique de modification de nos désirs. Rendre socialement indésirable l'achat d'habits jetables sur l'application Shein en constitue un deuxième relatif à la sobriété. Rendre réjouissant l'achat de produits fabriqués en France et en Europe plutôt que les mêmes produits fabriqués en Asie est une condition nécessaire de l'âge de raison.

Cette modification du désirable résulte du fait que nos désirs individuels sont largement influencés par la société. Les voitures électriques Tesla ont par exemple détrôné en quelques années Mercedes comme icône de « véhicule ostentatoire ». Le vélo électrique commence à devenir dans les grandes métropoles un élément de statut social et d'identité. Il est tout à fait envisageable que le *made in France* et le *made in Europe* deviennent prochainement des actes d'achat valorisés socialement. Il est possible que demain une composante importante d'une vie réussie soit le détachement des écrans et la possibilité de profiter de la nature et d'un retour aux sources.

L'effort porte également sur le maintien du goût de l'effort collectif et d'une vision de long terme en contrepoids de nos plaisirs immédiats. Au XIXe siècle, Alexis de Tocqueville décrivait déjà l'écueil qu'une société sécularisée et démocratique dérive vers l'individualisme et le goût des richesses matérielles au point que la société devienne « une foule d'hommes semblables et égaux, qui tournent sans repos sur eux-mêmes pour se procurer de petits et vulgaires plaisirs. [...] Chacun d'eux, retiré à l'écart, est comme étranger à la destinée des autres ; ses enfants et amis forment pour lui toute l'espèce humaine ; quant au demeurant de ses concitoyens, il est à côté d'eux, mais il ne les voit pas ; il n'existe qu'en lui-même et pour lui seul, et s'il lui reste encore une famille, on peut dire du moins qu'il n'a plus de patrie[1] ». Face à cette mollesse des mœurs il juge qu'il faut que « les gouvernements s'appliquent à redonner aux hommes ce goût de l'avenir, [...] qu'ils enseignent chaque jour pratiquement aux citoyens que la richesse, la renommée, le pouvoir sont les prix du travail ; que les grands succès se trouvent placés au bout de longs désirs et qu'on n'obtient rien de durable que ce qui s'acquiert avec peine ». À voir l'immédiateté de la société et l'obsession de beaucoup de dirigeants politiques pour le pouvoir d'achat

1. Alexis de Tocqueville, *De la démocratie en Amérique*, 2022, *op. cit.*, p. 188 et 385.

immédiat des ménages, retrouver le sens du long terme constitue un véritable défi !

Il n'appartient qu'à nous d'y parvenir et ne pas sombrer dans un despotisme nouveau, proche de celui envisagé par Tocqueville, où le pouvoir politique, instrumenté par des entreprises ou des intérêts privés, n'aurait plus comme fonction que de fixer irrévocablement les citoyens dans une forme d'enfance/adolescence consistant à faciliter leurs désirs immédiats, à prévoir et assurer leurs besoins quotidiens au point de les priver de leur libre arbitre et de toute volonté de long terme.

Indéniablement, cette transformation requiert de la pédagogie et l'amplification d'un sens moral. Elle requiert aussi certainement une représentation artistique propre. J'ai la conviction que ce chemin est possible et enviable. L'exemplarité des dirigeants sera cruciale. La capacité à partager une vision de long terme et à s'appuyer sur des valeurs communes le sera tout autant.

Ainsi passerons-nous de l'adolescence consumériste à l'âge de raison, de l'immédiateté et de la radicalité de l'adolescent à la responsabilité d'adulte de construire une vie en commun. Ainsi rééquilibrerons-nous le triptyque travailleur-consommateur-citoyen. Ainsi dépasserons-nous le culte consumériste du plaisir immédiat. Ainsi retrouverons-nous une raison d'être !

De ce sens retrouvé à nos vies, nous retirerons le bonheur !

Après-propos

Les Lumières nous avaient fait entrevoir la possibilité d'un progrès et d'une prospérité sans limites. Nous avons replié ce pavillon, pour bien des raisons. Les *maîtres du soupçon* (Nietzsche, Marx et Freud), selon l'expression de Paul Ricœur, ont profondément remis en cause cette vision et cet idéal. Les horreurs du XXe siècle, l'ampleur de la destruction de la biodiversité et des conséquences du dérèglement climatique en cours, la crise sanitaire du Covid-19, la montée des inégalités sociales, celle de régimes autoritaires nous font douter de notre capacité à reprendre en main notre destin et à lui redonner un sens. Le fatalisme constitue une voie possible, la plus facile. Cet essai en prend le contre-pied, et à juste titre. L'histoire n'est ni terminée ni écrite d'avance. Il nous appartient de ne pas lâcher prise. Sans naïveté ni angélisme, sans croire que nous triompherons des multiples défis de notre temps par des changements incrémentaux. Nous avons à mener de profondes mutations de nos modèles économiques et sociaux ainsi que de notre relation avec la nature. Nos machines et nos équipements doivent être reconçus pour que leur puissance soit mise au service de la société et de la nature et non à celui de nos désirs les plus fous et les plus immédiats. La compétition et la concurrence internationales doivent être régulées et nous devons en finir avec une loi de la jungle qui s'ignore. Nous avons appris que la planète est finie ; nous devons en tirer les conclusions qui s'imposent et abandonner le consumérisme du toujours plus. Mais n'espérons pas entraîner nos concitoyens dans ces transformations avec des discours et des politiques publiques uniquement restrictifs. Nos concitoyens sont prêts à remettre en cause des pratiques, mais à condition de ne pas être pris ni pour les dindons de la farce, ni pour des ascètes. La démocratie ne s'accommode pas d'un programme centré sur des interdictions, d'autant moins si le sentiment d'injustice sociale prédomine !

Rééquilibrer le triptyque consommateur-travailleur-citoyen. Renouer avec les valeurs de cohésion sociétale et d'autonomie stratégique. Ces combats sont intellectuellement passionnants. Ils sont moralement motivants !

Le milieu associatif a largement pour rôle de participer à ces combats, qu'il s'agisse de les faire naître, de les porter et de les faire aboutir. La Fondation pour la nature et l'homme, que j'ai eu l'honneur de présider pendant cinq années, œuvre sans relâche pour réconcilier les actions humaines avec les limites planétaires et le bien-être de tous. Je côtoie par ailleurs depuis plus de quinze ans des dirigeants d'entreprise dans mon activité de conseil. De ces positions d'observateur et acteur de terrain, j'ai pu mesurer les transformations en cours décrites dans ce livre : il est possible et légitime d'être optimiste ! Mais je mesure également les résistances et la difficulté à faire prévaloir l'intérêt général face aux intérêts privés, à la force de l'individualisme qui s'est emparé de nos sociétés et à la difficulté de changer nos habitudes.

Là réside le paradoxe des sociétés modernes : individuellement, nul doute que chacun souhaite le meilleur et s'affirme en accord avec plus de cohésion sociale, de préservation de la planète, d'autonomie face aux puissances totalitaires ! Mais le résultat collectif est décevant : individualisme, consumérisme et dépendances priment aujourd'hui.

Sommes-nous duplices ? Avons-nous vraiment envie de changer ou préférons-nous, pour ceux d'entre nous qui auraient le choix, la quiétude du statu quo ? Sommes-nous vraiment capables de nous limiter individuellement et collectivement dans notre boulimie de consommation, dont nous ne prenons plus conscience tellement elle s'impose à nous presque comme une seconde nature ? Nos industriels sont-ils capables de développer des services et des produits à faible consommation énergétique et à faibles impacts écologiques ? À mettre la publicité au service d'une nécessaire sobriété ?

La tempérance de l'âge de raison, absolument nécessaire à la survie de nos civilisations, est un acte moral ! Mais elle ne peut pas se décréter ni naître d'un simple appel à la vertu. Notre société, imprégnée d'idéaux de liberté et de fraternité, ne pourrait pas non plus tolérer qu'elle résulte d'une centralisation autoritaire contrôlant le moindre geste de chacun. Pour qu'elle devienne la réalité de millions d'actes quotidiens, elle se doit d'être ancrée dans un récit d'ensemble et des politiques globales, fondées sur la confiance en l'être humain. Beaucoup de politiques écologiques ont du mal à progresser parce qu'elles sont cantonnées à un registre partiel, centré sur une problématique limitée. Vues dans leur ensemble, nos politiques publiques manquent de cohérence. Pourquoi relocaliser la production d'acier si en parallèle nous ouvrons nos frontières sur l'agriculture ? Pourquoi adopter des moyens de déplacement moins carbonés, pourquoi acheter un véhicule électrique ou pratiquer le covoiturage alors que le kérozène est exonéré de toute taxation, et que l'avion est beaucoup moins cher que le train ? Pourquoi faire des travaux d'isolation coûteux, se priver d'un voyage de rêve si nous sommes les seuls à le faire et que même les bâtiments publics sont toujours des passoires thermiques ? Et rapidement, la question centrale devient : pourquoi ferais-je des efforts au quotidien si j'ai le sentiment que personne d'autre n'en fait ? L'engagement de chacun d'entre nous est donc conditionnel à la confiance que nous pouvons donner au collectif, à son orientation, donc à ceux qui l'incarnent.

La force de l'âge de raison est d'esquisser en quelques pages une vision globale, le point d'arrivée commun vers lequel tous nous réunir. Ce point d'arrivée n'est pas qu'écologique : il ne vise pas uniquement à « sauver la planète », écueil usuel des pensées écologistes radicales et des techno-solutionnistes. Il ne consiste pas qu'à réindustrialiser notre pays pour qu'il redevienne une puissance économique, écueil usuel des productivistes. Il ne se limite pas à prôner la redistribution sociale, écueil usuel des partis « socialistes ». Il ne sera pas atteint par la poursuite, éventuellement amendée à la marge, des politiques économiques néolibérales qui ont mis au centre du jeu le consommateur et ses désirs de toujours plus pour toujours moins cher. Il s'agit d'orchestrer les diverses composantes d'un « mieux-vivre ensemble et avec la nature ».

Il nous faudra triompher de nos propres instincts. La sédentarité, le matérialisme, l'addiction aux écrans et le sensationnalisme relèvent de biais physiologiques qui ont été exacerbés par un individualisme forcené. L'enjeu consiste à réenchanter les notions d'efforts et de buts collectifs, communs.

Le défi qui est devant nous est radical. Il s'agit de sauver notre humanité : ce qui fait de nous des hommes et des femmes libres cessant d'être soumis aux passions consuméristes. Il s'agit de déployer dans les meilleurs délais un projet suffisamment puissant pour nous éviter la nuit que nous préparent les forces obscurantistes qui font fi de la raison et du discernement, en se contentant de slogans et de promesses de pouvoir d'achat comme fin en soi.

Les Lumières contre l'obscurantisme !

Voilà le duel du XXIe siècle !

Ce duel est l'affaire de tous !

Alain Grandjean
Associé fondateur de la société Carbone 4
Président de The Other Economy, plateforme de propositions économiques

Remerciements

L'écrivain n'est jamais seul.

Merci à David Djaiz, Hélène Peskine, Anna Souakri, Marie Degrémont, David Chapon, Pascal Benvenuti, Audrey Zermati, Emmanuel Constantin, Baptiste Perrissin-Fabert, Michel Derdevet, Vincent Tocanne et Pierre Veltz pour vos suggestions et vos relectures exigeantes.

Merci infiniment à Astrid Panosyan-Bouvet d'avoir accepté de préfacer ce livre et à Alain Grandjean de s'être prêté au jeu de la postface.

Merci à tous ceux qui contribuent à la diffusion de ce livre.

À ma famille qui m'a forgé.

Table des matières

Préface,
Astrid Panosyan-Bouvet 7

Préambule 13
Dépasser le contrat social du XXe siècle 21
Notre santé, au cœur du nouveau modèle social 65
L'énergie, pièce maîtresse de l'autonomie stratégique et de la préservation du climat 81
Mieux se nourrir, la métamorphose du plaisir de manger ... 107
L'âge de raison : une transformation globale 129
L'âge de raison : lutter contre nos instincts 219

Après-propos,
Alain Grandjean 227

Remerciements 233

Vous pouvez contacter l'auteur à l'adresse
julien.marchal2@yahoo.fr

Pour limiter l'empreinte environnementale de leurs livres,
les éditions de l'Aube font le choix de papiers
issus de forêts durablement gérées et de sources contrôlées.

Achevé d'imprimer en septembre 2024
sur les presses de l'imprimerie Firmin-Didot
pour le compte des éditions de l'Aube
331, rue Amédée-Giniès, F-84240 La Tour-d'Aigues

Numéro d'édition: 6357
Dépôt légal: octobre 2024
Numéro d'impression: 181001

Imprimé en France